漫话影像世界
神奇的电子眼

南京大学固体微结构物理国家重点实验室

江苏省学会服务中心　江苏省青少年科技中心

组织编写

沙振舜　马立涛　编著

 南京大学出版社

图书在版编目(CIP)数据

漫话影像世界：神奇的电子眼 / 沙振舜，马立涛编
著. —南京：南京大学出版社，2024.3
　ISBN 978 - 7 - 305 - 27483 - 1

Ⅰ. ①漫⋯　Ⅱ. ①沙⋯ ②马⋯　Ⅲ. ①光电子技术－
成像－普及读物　Ⅳ. ①TN2－49②O435.2－49

中国国家版本馆 CIP 数据核字(2024)第 003019 号

出版发行　南京大学出版社
社　　址　南京市汉口路 22 号　　　　邮　　编　210093
书　　名　漫话影像世界——神奇的电子眼
　　　　　MANHUA YINGXIANG SHIJIE——SHENQI DE DIANZIYAN
编　　著　沙振舜　马立涛
责任编辑　巩奚若　　　　　　　　编辑热线 025 - 83595840
照　　排　南京开卷文化传媒有限公司
印　　刷　南京凯德印刷有限公司
开　　本　880 mm×1230 mm　1/32　印张 8.375　字数 250 千
版　　次　2024 年 3 月第 1 版　2024 年 3 月第 1 次印刷
ISBN 978 - 7 - 305 - 27483 - 1
定　　价　58.00 元

网　　址：http://www.njupco.com
官方微博：http://weibo.com/njupco
官方微信号：njupress
销售咨询热线：025 - 83594756

编委会名单

主　任

张海珍　李　莹　刘海亮

成　员

朱以民　赵　聆　刘添乐

张婧颖　耿海青　黄婷婷

苗庆松　吴　汀

前　言

本书开篇有诗曰：

　　　信息科技奇葩生，两位大师建伟功。

　　　光电效应被发现，光电器件得应用。

　　这首打油诗指的是作为光电子成像器件产生基础的光电效应；两位大师指的是 H. R. 赫兹和 A. 爱因斯坦，赫兹在实验中发现光电效应，爱因斯坦从理论上给予解释。

　　光电效应分为外光电效应和内光电效应。外光电效应是指在光的作用下，材料内的电子逸出物体表面向外发射的现象；内光电效应是指材料受到光照后，产生的光电子只在材料内部运动，而不逸出材料外部的现象。内光电效应又分为光电导效应和光生伏特效应。光照射在材料上，使材料的电导率发生变化的现象称为光电导效应；光照射在材料上，使材料产生光生电动势的现象称为光生伏特效应。

　　光电效应现象由德国物理学家赫兹于 1887 年发现，而正确的解释为爱因斯坦所提出，爱因斯坦因此获得了 1921 年诺贝尔物理学奖。

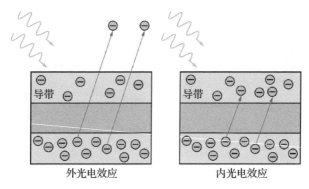

光电效应示意图

　　光电效应是光电传感器，也就是光电子成像器件的理论基础。

H. R. 赫兹

A. 爱因斯坦

　　众所周知，现代对于"光"的概念已大大延伸了，它不仅包括高能粒子（α、β、γ射线）、X射线、紫外线、可见光、红外线，还包括短波、中波和长波的无线电波等电磁辐射。

要接受所有这些光，只靠人的裸眼是不够的，因此各种光学仪器和光电子器件应运而生。光电子成像作为科技园中的一颗明珠，在开拓人类视觉能力方面取得了重大进步，目前光电成像已成为信息时代的重要技术领域。

光电子成像技术是光电子学的重要组成部分，其功能是扩展人类自身的视觉能力，将人眼不能直接看见的微光、红外光、紫外光、X射线等辐射照射下的景物变为可视图像。光电子成像器件是光电子成像技术的关键和核心部件，是信息技术的重要组成部分。

光电成像器件或图像传感器，是一类能够输出图像信息的器件，这个家族致力于将不可见的光图像变为可见光图像，或将光学图像变为电视信号，为增强和扩展人眼视觉功能不遗余力地做贡献。

光电成像器件家族成员按波段可分为可见光（含人眼可见微光条件）、紫外及红外成像器件。按工作方式可分为直视型成像器件和电视型成像器件：直视型器件本身具有图像转换、增强和显示功能，通常用于人眼直接观察图像，所以其输出图像是可见光。这种成像器件通常简称为像管，包括变像管、微通道板（MCP）和像增强器等。电视型成像器件的功能是将可见光或辐射图像转换成视频电信号，电信号经过视频放大处理和传输等环节后，由显像装置（如电视机）还原输出二维空间的图像。电视型光电成像器件种类繁多，包括光电摄像器件、电荷耦合器件（CCD）、互补性氧化金属半导体（CMOS）等。

光电成像器件家族已成为信息技术的支柱产业，具有旺盛的生命力。

知识链接

变像管、微通道板

变像管的特点是入射图像的光谱与输出图像的光谱不同，它接受非可见辐射的图像，而输出图像的光谱是可见光，故称为变像管。其中有红外变像管、紫外变像管、X 射线变像管和 γ 射线变像管等。

微通道板是一种电子倍增器件，其在玻璃薄片上排布上百万微孔（微通道），通道孔径通常为 $6 \sim 12 \ \mu m$。在微通道板的两个端面之间施加直流电压形成电场。入射到通道内的电子在电场作用下碰撞通道内壁产生二次电子。这些二次电子在电场力加速下不断碰撞通道内壁，直至由通道的输出端射出，实现了连续倍增，达到了增强光电子图像的作用。微通道板本身具有高增益、增益可控、体积小、重量轻、噪声低等优点，广泛应用于夜视像增强器、微光电视、X 光像增强器以及其他科研领域。

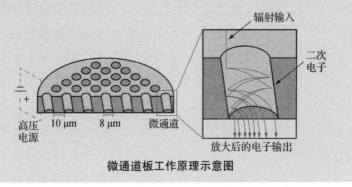

微通道板工作原理示意图

光电子成像器件应用范围非常广泛，如家用摄像机、数码相机、手机相机、夜视眼镜、微光摄像机、光电瞄具、红外探测、红外制导、红外遥感等，其使用实例不可胜数。这些技术和器件为人类深入认识自然、改造自然提供了有效的帮助。光电子成像技术已在国防、公安、医疗、科研、教学、工业生产等众多领域和人们日常生活中得到了广泛的应用，产生了重大的社会和经济效益。由于应用需求广泛，产生了形形色色实用的光电子成像器件和仪器设备。

本书以 CCD 光电传感器为主线，简要介绍了光电子成像系统及其重要器件的原理、结构、特性、应用以及发展动态，包括真空摄像管、CCD 和 CMOS 成像器件、微光夜视器件、红外成像器件、紫外成像器件、X 射线成像器件等。同时本书也涉及日常生活中的电子产品和光电成像器件，诸如数码相机、手机相机、条形码扫描器、视频监控、安检设备、电子内窥镜、机器人、红外测温门、人脸识别、汽车电子后视镜等。本书对它们的工作原理、构造等做了一些解释，希望对正在使用这些新颖的电子设备的读者有些帮助。

本书共分为 22 章，前 5 章介绍了光电子成像系统的基本知识与性能；后 16 章讨论了光电子成像器件的各种应用；第 22 章对全书内容进行了简要总结。

鉴于本书是科普作品，尽量回避深奥的半导体理论（例如能带理论）和专业术语（个别十分必要的以"知识链接"给出），避免艰深的数学推导和公式表达，也许这样有"蜻蜓点水""隔靴搔痒"之感。不过本书力求通俗易懂、深入浅出、图文并茂，以增加可读性，并略带文学色彩，试图实现人文与科技的融合。

本书基于作者多年的教学和科研活动的经历和经验，参考了大量的国内外优秀教材、科技文献以及互联网资源，并根据需要选编了一些插图和照片，书后给出了主要参考文献，在此对这些文献的作者表示感谢。

光电子成像是一门正在发展中的学科，内容广阔，日新月异，前景辉煌。本书挂一漏万，仅展现冰山一角，在专家面前班门弄斧。加之水平所限，错误和不当之处在所难免，欢迎读者批评指正。

目 录
Contents

第 1 章
对话电视摄像　　　　　　　　　　　　001

第 2 章
初识 CCD　　　　　　　　　　　　　009

第 3 章
芯片的制造　　　　　　　　　　　　025

第 4 章
CMOS 后来居上　　　　　　　　　　033

第 5 章
红外、紫外光成像器件　　　　　　　043

第 6 章
数码相机和智能手机　　　　　　　　063

第 7 章
CCD 在军事上的应用　　　　　　　　075

第 8 章
CCD 用于医疗设备　　　　　　　　　083

第 9 章
CCD 与遥感　　　　　　　　　　　　095

第 10 章
黑暗中的眼睛　　　　　　　　　　　109

第 11 章
条形码识读器　　　　　　　　　　　119

I

第 12 章
CCD 在物理实验中的应用　　　　　　　　　131

第 13 章
线阵 CCD 用于光谱探测　　　　　　　　　143

第 14 章
极微弱光的探测　　　　　　　　　　　　151

第 15 章
CCD 与天文观测　　　　　　　　　　　　163

第 16 章
无处不在的眼睛　　　　　　　　　　　　177

第 17 章
机器人的眼睛　　　　　　　　　　　　　187

第 18 章
CCD 用于人脸识别　　　　　　　　　　　201

第 19 章
CCD 视觉检测系统　　　　　　　　　　　209

第 20 章
航拍无人机　　　　　　　　　　　　　　217

第 21 章
汽车电子后视镜　　　　　　　　　　　　225

第 22 章
光电成像的回顾与展望　　　　　　　　　233

参考文献　　　　　　　　　　　　　　　246

第 1 章

对 话 电 视 摄 像

电波图像万里传，

千家万户同观看。

新闻媒体好喉舌，

人民生活好伙伴。

这首打油诗赞的是电视。

有一天，我到电视台参观，与王工程师有一段关于电视摄像的对话：

无事不登三宝殿，不好意思，想请教您几个问题。

我

您说吧！什么问题？

王工程师

我：王工，听说您是摄制组的，特向您请教个问题。我和许多人一样，在看电视时，很想知道电视的图像是怎么摄制的，您能不能做些介绍？

王工：好！大家知道，电视节目是用摄像机拍摄的。摄像机拍下景物并转换成电信号后，经过发射和接收，再由电视机的显像管播放出来（图1-1）。在摄像机中，核心部件是摄像管，也就是光电成像器件。

我：摄像管是什么呢？

王工：摄像管是光电成像器件家族中的一员，也算是位老前辈。光电成像器件家族是名门望族，历史悠久、发展迅速、成员

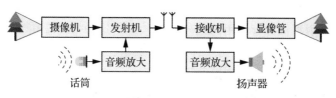

图1-1 电视信号发射和接收示意图

众多，让我们来看看它们的家谱吧！这个家族的一个分支是摄像器件，另一分支是图像显示器件，此外还有微光成像器件、红外热成像器件等特种成像器件分支。摄像器件可以分为两大类，即真空摄像器件和固体摄像器件。其中真空摄像器件是指真空电子摄像管，是传统的摄像器件；而固体摄像器件（例如 CCD、CMOS，这两种器件具体下一章再讲）则是半导体摄像器件，虽是晚辈，却是后起之秀。真空摄像器件，说白了，就是一个内置光电成像元件的真空管。如果管内除了成像元件外，还包含扫描机构，则称为摄像管，否则称为像管。像管包括变像管和像增强器。变像管的主要功能是将不可见光（辐射）转换成可见光图像，也就是说，它的作用是完成图像的电磁波谱转换。像增强器主要功能是光强变换，即将微弱到人眼无法感知的图像增强到可以直接观察的图像。这些器件在实际应用中各显神通，大显身手。比如这台摄像机，这里面就有摄像管，它是摄像机的核心部件（图1-2）。

图1-2 广播级摄像机

我：王工，您刚才说到摄像管，麻烦您，能不能再详细一点？

王工：可以。按照光电转换方式摄像管可以分为两大类，即光电发射型和光电导型，它们都是利用光电效应进行光电转换。光电发射型摄像管利用的是外光电效应。这种摄像管在20世纪30年代已实用化，但由于体积大、笨重、功耗大，调节使用复杂，已逐渐被光电导型摄像管所取代。

光电导型摄像管利用的是内光电效应，通过光电导靶实现光电转换。当被摄物体的光学图像投射到光电导靶面上时，因各个像素上的照度不同，导致电导率不等，从而在靶面上产生了电势起伏。然后通过电子束的扫描完成光电转换过程。简而言之，光电导型摄像管的工作原理就是先将输入的光学图像转换成电荷图像，然后通过电荷的积累和存储构成电势图像，最后通过电子束扫描把电势图像读出。光电导型摄像管具备光电转换、电荷存贮和扫描读取三个物理功能，可以将光学图像转换为时序电视视频信号，它主要由光电靶、电子枪和电磁偏转线圈等组成（图1-3）。

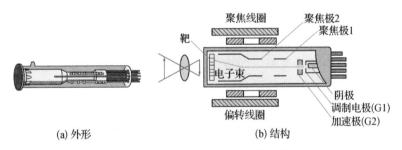

(a) 外形　　　　　　　　　　(b) 结构

图1-3　光电导型摄像管及其结构

我：请问，光电导型摄像管是怎么工作的？

王工：光电导型摄像管的工作过程是这样的。

首先是光电转换过程，靠摄像光电靶面的光电效应将光学图像变换为相应像素上的电信号。然后是电荷存贮过程，利用器件靶面像素的电容，把光电信号以电荷的形式储存起来，建立一定的电荷空间分布。储存电荷的多少正比于输入面上相应像素上的光照度，于是靶面电荷分布便正比于输入图像的二维光照度分布。最后是扫描拾取过程，借助电子束，从左到右和从上到下地扫描，使已存贮的各像素电荷形成电流流出，

图1-4　带真空摄像管的摄像机外形图

即产生时序视频信号。换句话说，真空电视摄像管中的靶面实现光电转换和电荷存储功能，电子枪在外加电磁场作用下，实现扫描功能（图1-5）。如此，摄影师才能够用电视摄像机进行电视录制（图1-6）。

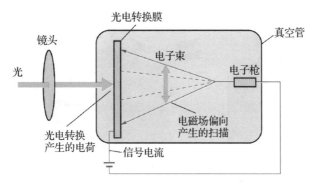

图1-5　摄像管的扫描

　我：摄像管和电视摄像机是谁发明的呢？

　王工：1923年，V. K. 兹沃雷金（图1-7）发明了光电摄像管。最早的电视摄像机以电真空摄像管作为摄像器件（图1-8）。随后，1931年兹沃雷金组装了世界上第一个全电子电视系统。

图 1 - 6　摄像师用电视摄像机进行电视录制

图 1 - 7　V. K. 兹沃雷金　　图 1 - 8　兹沃里金研制的摄像管和显像管

　　摄像管在电视传输系统中的作用是将被摄景物图像分割成若干小单元（像素），按顺序将各像素的亮度转变成与之成正比例的随时间变化的电脉冲信号。这种电脉冲信号被输送到电视机或监视器，再还原成光的图像。这就是光—电—光的转换过程。

　　回顾电视发展的历史，真空摄像管垄断了很长一段时间，作为输入图像的重要元件而异常辉煌。然而"花无百日红"，这些摄像管由于工作电压高、耗电多、寿命短等缺点，逐渐被固体摄影元件——CCD图像传感器所取代，虽然到现在摄像管仍应用于某些特殊场合，例如舞台电视摄像机用的高清晰度摄像管，但是，摄像管昔日风光已不再，现在的摄像机，几乎全部都是使用CCD图像传感器了。

参观电视台结束后，我以十分感激的心情，与王工告别。

 知识链接

V. K. 兹沃雷金生平

　　V. K. 兹沃雷金是俄裔美国科学家（1888—1982），生于俄国的米罗姆（今弗拉基米尔）。1912年于彼得大帝皇家工学院（现圣彼得堡国立理工大学）毕业后，到巴黎法兰西学院在朗之万的指导下攻读研究生。1919年迁居美国，1924年加入美国国籍。他一面在西屋电气公司工作，一面到匹兹堡大学学习。1926年获美国匹兹堡大学博士学位。1923—1929年任西屋电气公司研究员。1929年在美国无线电公司任职。1954—1962年在纽约洛克菲勒学院医学电子学中心任主任。他研究的范围很广泛，如电子学、电子光学，电视、光电管、真空电子管、无线电传真，等等，共获专利120多项。1923年发明电子电视摄像管（光电摄像管），1925年取得全电子彩色电视系统专利，1931年研制出电视显像管。兹沃雷金是美国科学院院士、美国工程院院士，曾获多项奖励。

第 2 章

——赞 CCD 摄像头——

神奇芯片 CCD，

固体图像传感器。

电荷转移传信号，

制成数码摄像机。

小巧玲珑又方便，

拍摄景物特清晰。

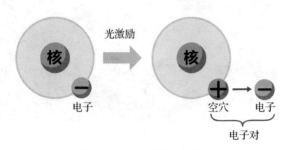

图 2 - 0　CCD 原理卡通画

上面这首打油诗，赞的是 CCD 摄像头。20 世纪 80 年代，我在一家科学器材公司门市部的橱窗里，初次看到 CCD 摄像头。我眼睛一亮，这种新型器件引起我的注意。在商店里，我和王经理有一次关于 CCD 的对话。

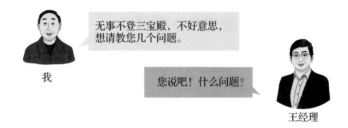

我：王经理，我对你这里陈列的 CCD 摄像头很有兴趣，能不能向我介绍一下 CCD 摄像头的来龙去脉。

王经理：CCD 是一种新型的固体摄像器件，CCD 是英文 Charge Coupled Device 的缩写，中文名是"电荷耦合器件"，是一种"金属—氧化物—半导体"结构的感光元件，也被称为 CCD 图像传感器。CCD 能够把光学影像转化为数字信号，因此可以用来制造数码相机、摄像机。

我：您能不能讲一讲 CCD 的发明历史？

王经理：好吧，CCD 是 1969 年由美国贝尔实验室（Bell

Labs）的威拉德·博伊尔（Willard S. Boyle）和乔治·史密斯（George E. Smith）发明的。他俩因此获得 2009 年诺贝尔物理学奖。

图 2-1　2009 年诺贝尔物理学奖获得者（左起，博伊尔，史密斯）

威拉德·博伊尔，美国科学家。1924 年 8 月 19 日出生于加拿大东部新斯科舍省小镇阿默斯特。高中时代在蒙特利尔的一家私立学校度过，高中毕业后加入加拿大海军，成为一名航空母舰战斗机飞行员。1950 年在加拿大麦吉尔大学获得博士学位。1953 年加盟美国贝尔实验室。他一生做出了很多贡献，包括1962 年与他人合作发明了第一台用于医疗的红宝石连续激光器。1969 年，博伊尔和史密斯在美国新泽西州的贝尔实验室工作时发明了 CCD。

乔治·史密斯，1930 年出生于美国纽约，在宾夕法尼亚大学获学士学位，在芝加哥大学获硕士和博士学位。1959 年博士毕业后，史密斯进入了美国贝尔实验室。1969 年，史密斯和博伊尔共同发明了 CCD 图像传感器。史密斯在美国拥有 31 个专利。由于史密斯作出的杰出贡献，2002 年，电气与电子工程师学会（IEEE）还专门设立了一个以他名字命名的奖项。

博伊尔和史密斯研制 CCD 的道路并不平坦。当时科学家们遇到的最大困难，是如何将物体每一个点上因为光照产生的大量电荷，在很短的时间内采集并且传递出来。经过多次试验，博伊尔和史密斯最终创造性地解决了这个难题。他们采用一种高感光度的半导体材料，利用光电效应能在材料表面产生电荷，再将电信号变化转换成数字信号，使高效存储、编辑、传输都成为可能。这种装置就是 CCD。

后来 CCD 图像传感器成为数码相机的核心部件，这个传感器好似数码照相机的电子眼，通过用电子捕获光线来替代以往的胶片成像，摄影技术由此得到彻底革新。此外，这一发明还推动了医学和天文学的发展，在疾病诊断、人体透视及显微外科等领域都有广泛的应用。

图 2-2　1970 年博伊尔（左）和史密斯用 CCD 制成视频相机

他们发明 CCD 的过程正如马克思所说——在科学的道路上没有平坦的大道，只有不畏劳苦沿着陡峭山路向上攀登的人，才有希望达到光辉的顶点。

我：哦，我明白了，任何一件发明都不容易，发明者都付出辛勤的心血和汗水。不过一旦做出来，将会造福千千万万人，他们的血汗不会白流。

王经理，这 CCD 的结构是怎样的?

王经理：CCD 的基本单元是 MOS（金属—氧化物—半导

体）电容（图2-3）。用P型（或N型）半导体硅作为衬底，上面覆盖一层厚度约120 nm的氧化物（SiO_2），并在其表面沉积一层金属电极，称为门极或栅极，这样就由门极、二氧化硅绝缘层和硅衬底构成了一个MOS电容。许多紧密排列的MOS电容组成MOS阵列，MOS阵列与输入、输出电路构成CCD器件。大家知道，普通电容器是两片金属板，中间夹有电介质（图2-4），其功能是存储电荷。MOS电容器与普通电容器类似，也能够存储电荷，而且相邻MOS电容之间具有耦合电荷的能力（这里耦合是指电荷从一个电容器到另一个的传递）。

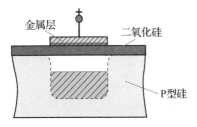

图 2-3 MOS（金属—氧化物—
半导体）电容

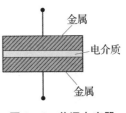

图 2-4 普通电容器

 知识链接

P型硅和N型硅

完全不含杂质的纯净半导体称为本征半导体，在本征半导体中掺入特定的杂质就可以制成P型半导体和N型半导体。在本征半导体硅中加入微量的3价元素（硼、镓、铟），就得到P型硅半导体（图2-5），其内部载流子浓度大大增加，且多数载流子是空穴，还有少数载流子电子；在本征半导体中加入微量的5价元素（磷），就得到N型硅半导体，其内部载流子浓度同样大大增加，但多数载流子是电子（图2-6）。

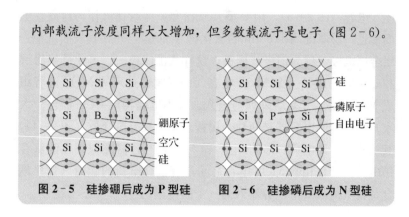

图2-5　硅掺硼后成为P型硅　　图2-6　硅掺磷后成为N型硅

我：CCD如何工作的？

王经理：CCD的突出特点是以电荷作为信号进行存储和传输，而不是以电流或者电压作为信号。CCD的基本工作过程包括电荷的注入、存储、传输和检测。

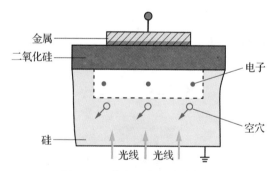

图2-7　电子—空穴对的产生

CCD中的MOS电容器是光敏元，MOS受光照射，由于光电效应使半导体中硅原子释放出电子。按照半导体物理学的说法，是产生电子—空穴对（图2-7），如一个谜语所指：

一对孪生兄妹

皆因光照而生

半导体里活跃

演绎多项功能

对于空穴姑且不论，电子会储存在于较深的势阱（势阱指在空间内某一个有限范围内势能最小，如同陷阱一般），而势阱中所产生的电子数目与光照强度成正比，光照越强则电子数越多，光照越弱则电子数越少。光敏元经一定时间的感光和电子积累，就会形成电荷集合（或称为电荷包）。这些电荷集合在按时序变化的时钟脉冲电压的作用下，也会按时序发生变化，从而将电荷集合从一端移到另一端，最后输出完整的电荷像，并将其送入前置放大器进行信号的处理。这就是CCD器件进行光电转换和电荷像储存转移的工作过程，有点像"击鼓传花"的游戏，这花好比电荷包，随着鼓点从一个人手里传到另一个人手里，依次传下去。

应该说明，为了改进CCD的性能，MOS电容器结构已被光电二极管代替，MOS光敏电容器和光电二极管均能起到光电转换与电荷存贮的作用。

 知识链接

半导体载流子

载流子是可以自由移动的带有电荷的粒子。半导体中的载流子有两种，即带负电的电子和带正电的空穴。N型半导体中的载流子是电子，P型半导体中的载流子是空穴，它们在电场作用下能作定向运动，形成电流。半导体载流子又分为多数载流子和少数载流子，N型半导体中有少数载流子空穴，P型半导体中有少数载流子电子。反之称为多数载流子。

> 当围绕原子运动的电子发生跃迁，从一个原子跃迁到另一个原子，在原来的原子轨道上就产生了一个空穴。空穴和电子总是成对出现，一定能量的光照射半导体会产生电子—空穴对，电注入或高能粒子注入也能产生电子—空穴对。
>
> 其实空穴是一个电子的位置，只是为了理论研究方便，而把它想象成一个带正电的粒子。电子从原先的位置上，由于受到温度或者光照的激发跑出来，那个位置就是空穴。

我：王经理，您能稍微详细一点解释 CCD 中电荷转移的原理好吗？

王经理：CCD 中，相邻两电极 G1 和 G2 之间有较大的空间，且两电极上均施加正高电压，在 G1 下的势阱中存储了一个电荷包，在 G2 下的势阱中没有电荷（图 2-8a）。在这种情况下，相邻 MOS 电容之间没有交互作用发生。当 G1 与 G2 之间的空间变得很窄时，这两个势阱会耦合（合并）在一起。于是，存储在 G1 下的电荷包就"水往低处流"，会向空势阱转移，电荷包将由 G1 与 G2 之下的耦合势阱共享（图 2-8b）。然后，通过降低 G1 上的电压，电子电荷包可以完全转移到 G2 下的势阱中（图 2-8c）。如此，就将一个电荷包从 G1 所在位置转移到 G2 所在位置。

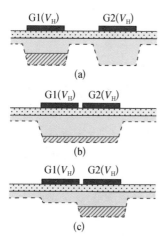

图 2-8 电荷转移的原理

如果将大量的 MOS 电容紧密放置成一行，就可以通过控制势阱上的时钟脉冲，将电荷包从一个电容移动到另一个电容，然后顺次地再移到下一个电容，直到所有电荷全部输出。

我们通常把 CCD 栅电极分为几组，每一组称为一相，前面说的 CCD（图 2-8）称为二相 CCD，还有三相、四相 CCD。这样一组称为 CCD 的一个单元，也就是通常所说的一个像元或像素。

我：请您谈谈 CCD 的分类。

王经理：当前 CCD 的类型很多，而且也有许多分类方法。

CCD 有两种基本类型，一种是电荷包存储在半导体与绝缘体之间的界面，并沿界面转移，这类器件称为表面沟道 CCD（SCCD）；另一种是电荷包存储在离半导体表面一定深度的体

图 2-9　CCD 芯片外形

内，并在半导体内沿一定方向转移，这类器件称为体沟道或埋沟道器件（BCCD）。

CCD 按像元的排列方式分为线阵和面阵两种，线阵是把光敏元排成一条直线的器件，面阵是把光敏元排成一个平面的器件。线阵 CCD 可以获得一维图像信息，这类器件适用于检测，而不能用于摄像机；面阵 CCD 可以获取二维图像信息，应用较广，例如用于摄像头中。

此外还有像素呈蜂窝状排列的所谓超 CCD，其光敏元呈八角形，与蜂窝类似（图 2-10）。这种排列方法使像素密度达到最高，因而提高了灵敏度和分辨率，改善了信噪比，并且可以获得更宽的动态范围（分辨率、

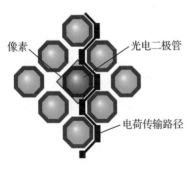

图 2-10　超 CCD 的像素几何形状与排列

信噪比等术语将在下面解释)。

随着科技的迅速发展,人们对获取视频图像的摄像头的功能要求越来越高,先后出现了黑白型、彩色型、超低照度型、红外夜视型、数字型、网络型,以及各种超小型与隐蔽型等摄像头(图2-11)。

图 2 - 11　形形色色的监控用摄像头

我:上面介绍的都是基于黑白摄像头,请您谈谈彩色 CCD 摄像头好吗?

王经理:彩色 CCD 摄像头也是以 CCD 图像传感器为核心部件的。早期的彩色 CCD 摄像头由三片 CCD 图像传感器配合彩色分光棱镜及彩色编码器等部分组成。CCD 图像传感器中,每个像素点对应有 R(红)、G(绿)、B(蓝)三个感光元件,采用分光棱镜将入射光线分别折射到三个 CCD 靶面上,分别进行光电转换得到 R、G、B 三色的数值(图 2 - 12)。这种摄像机得到的图像质量好,但由于摄像机结构复杂,所以一般较昂贵。

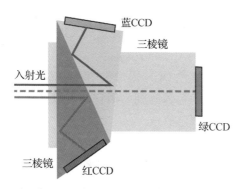

图 2－12 三芯片 CCD 彩色摄像头示意图

此外，还有二片式和单片式彩色摄像头。三片式和二片式的分辨率高，而单片式的分辨率较低，主要用于闭路电视监控系统中，价格也相对低很多。以单片式彩色 CCD 摄像机为例，它一般由摄像机镜头、带镶嵌式滤色器的 CCD 传感器、彩色分离电路、低通滤波器、处理放大器及彩色编码器等电路组成（图 2－13）。

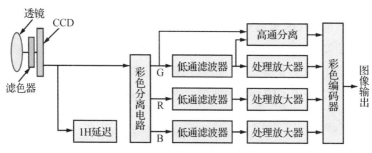

图 2－13 单片式 CCD 彩色摄像机的结构

摄像机所要拍摄的景物信号通过镜头及滤色器后在 CCD 传感器上成像，转变成电信号。从 CCD 传感器输出的信号与将它延迟一个水平扫描周期的延迟信号（1H 延迟信号）通过彩色分离电路，分离出红、绿、蓝三基色信号，分离出来的三基色信号通过各自的低通滤波器之后，再经过放大进入彩色编码器，最后输出复合图像信号。

显然，单片式彩色 CCD 摄像机中不再需要分光棱镜，取而代之的是一种彩色滤色器阵列，用它们可以从单片 CCD 芯片中取出红、绿、蓝三基色信号。

关于彩色 CCD 摄像头就说这些吧！

我：王经理，非常感谢您介绍这么多。

王经理：最后，做个小结，我谈谈 CCD 器件优点、用途和有待改进的地方。

CCD 器件有光照灵敏度高、噪声低、寿命长、像素面积小、可靠性高等优点。可以说，CCD 的发明是光电成像器件领域的一大突破。CCD 已经应用到了所有需要成像和检测的场合，例如，摄像头，它将以越来越大的规模和深度应用于国防、公安、工业、办公、教学，以及医学、生物、天文、地质、宇航等科学技术领域。

不过，话又说回来，由于 CCD 芯片技术工艺复杂，不能与标准的 MOS 集成电路工艺兼容，而且 CCD 芯片需要高电压，功耗也大，还需要外围一系列线路单元协同工作，这样就限制了 CCD 的应用和推广。在此需求背景下，人们一方面改进和提高了 CCD 器件性能，另一方面开发了 CMOS 成像器件。

王经理顺手给我一份 CCD 摄像头的产品说明书（表 2-1），上面有器件的技术规格、性能参数。他把其中重要的特性参数的含义做了解释。

表 2－1　CCD 摄像头技术规格

型号	MTV-1501CB	MTV-1881EX
成像器件	1/2 英寸行间转移	1/2 英寸行间转移
成像面积	6.4 mm×4.8 mm	4.8 mm×3.6 mm
像素	542（水平）×582（垂直）	795（水平）×596（垂直）
水平频率	15.625 kHz	15.625 kHz
垂直频率	50 Hz	50 Hz
扫描系统	CCIR 标准 625 条线 50 场/秒	CCIR 标准 625 条线 50 场/秒
最小照度	0.02 lX（F1.4，5 600°K）	0.02 lX（F1.2，5 600°K）
信噪比	优于 48 dB	优于 48 dB
分辨率	410 电视水平线	600 电视水平线
视频输出	复合 1.0 Vp-pat75 欧姆	复合 1.0 Vp-pat75 欧姆
电子快门	1/50～1/50 000 秒连续可变	1/50～1/10 000 秒连续可变
功率消耗	2.4 W	2.4 W
镜头连接	标准 "C" 或 "CS" 连接	标准 "C" 或 "CS" 连接
工作温度	−5 ℃到＋45 ℃	−20 ℃到＋50 ℃
工作湿度	85% RH 以下	85% RH 以下
电源	直流 12 V±1 V	直流 12 V±1 V
尺寸	55×62×112 mm	42×48×95 mm
重量	400 g（不含镜头）	300 g（不含镜头）

　　我：这份说明书对我们了解和选择很有帮助，王经理，您能不能对 CCD 摄像头相关名词做点解释？

　　王经理：CCD 芯片尺寸通常以有效面积（宽度×高度）或对角线尺寸（英寸）表示（表 2－2）。

表 2 - 2　CCD 芯片有效面积与对角线尺寸对照表

对角线 （英寸）	1	2/3	1/1.8	1/2	1/2.7	1/3	1/4
有效面积 （mm）	12.8× 9.6	8.8× 6.6	7.18× 5.32	6.4× 4.8	5.27× 3.96	4.8× 3.6	3.6× 2.7

　　CCD 像素指水平和垂直方向的有效像素数，它决定了显示图像的清晰程度，像素越多，图像越清晰。有 PAL 制和 NTSC 制两种广播电视制式，在 PAL 制，有 752（H）×582（V），也就是所谓 44 万像素，还有 500（H）×582（V），也就是所谓 25 万像素；在 NTSC 制，有 768（H）×494（V），也就是所谓 38 万像素，还有 510（H）×492（V），也就是所谓 25 万像素。

　　分辨率用电视线（TV Lines）来表示水平分辨率。彩色摄像头的分辨率在 33 到 500 线之间。分辨率与 CCD 和镜头有关，分辨率越高的摄像头，拍摄出的图像就越清晰。

　　最小照度也称为灵敏度，指的是 CCD 对环境光线的敏感程度，或者说是 CCD 正常成像时所需要的最暗光线。照度的单位是勒克斯（lx），数值越小，表示需要的光线越少，摄像头也越灵敏。

　　摄像头电源分交流和直流，交流有 220 V、110 V、24 V，直流为 12 V 或 9 V。

　　信噪比用视频信号与噪声比值乘以 20 log 来表示，单位为 dB。信噪比的典型值为 46 dB，若为 50 dB，则图像有少量噪声，但图像质量良好；若为 60 dB，则图像质量优良，不出现噪声。

　　视频输出多为 1 Vp-p、即 1 V（峰值对峰值），输出阻抗 75 Ω。

　　镜头连接方式有 C 和 CS 方式两种，二者间不同之处在于感光距离不同。大多数摄像头的镜头接口做成 CS 型，因此将 C 型镜头安装到 CS 接口的摄像机时需增配一个 5 mm 厚的连接圈。

电子快门用来控制 CCD 芯片的感光时间。电子快门的时间通常在 1/50～1/100 000 秒之间，摄像机的电子快门一般设置为自动电子快门方式，可根据环境的亮暗自动调节快门时间，以得到清晰的图像。

白平衡字面上的意思是白色的平衡。由于彩色摄像机能够输出含有"彩色信息"的视频信号，当用彩色摄像机摄取纯白色景物时，其输出的视频信号在监视器上重现的景物颜色应为纯白色。如果白平衡设置不当，重现图像就会出现偏色现象，会使原本不带色彩的景物也有了颜色。对在特定光源下拍摄时出现的偏色现象，一般通过加强对应的补色来进行补偿。

最后，我向王经理讲了在实验仪器上应用 CCD 的想法，王经理帮我选择了合适的 CCD 摄像头，我购置了两套摄像头和两台监视器用在实验教学上，这使我和 CCD 有了亲密接触。

第 3 章

芯 片 的 制 造

—— 赞 歌 ——

夜深沉，
设计室还亮着灯光。
你绞尽脑汁，
设计出电路图样。
洁净室里，
你身着"兔装"。
精密设备前，
全神贯注在生产线上。
百道工序一丝不苟，
灵巧双手把精品奉上。
迎日出，
送晚霞，
奏出拼搏的乐章。
你用青春造福社会，
你是国家建设的栋梁。

这首打油诗赞的是芯片工程师，他们担负着 CCD 芯片的设计研制工作。

出于对 CCD 的兴趣，我跟王经理到半导体研究所，参观 CCD 芯片和 CCD 摄像机的生产过程。在所里偶遇我的学生桂所长，受到他的热情接待，他亲自带领我们参观并进行讲解。

首先他陪同我们参观了洁净室。

桂所长，我对CCD芯片的生产过程很感兴趣，可以请您讲讲吗？

我

当然可以！

半导体研究所
桂所长

我：桂所长，从前我听说过半导体元器件制造厂都有洁净室，可是不清楚洁净室是做什么用的。

桂所长：洁净室，又称无尘车间、无尘室或清净室。洁净室的主要功能为室内污染控制，使产品能在一个良好的环境中被生产、制造。例如半导体芯片和摄像头制造就是在不同级别的无尘车间进行的。从名称上就可知这里是隔绝粉尘的，对于半导体元器件制造而言，哪怕是一点点的灰尘都会产生非常大的负面影响，所以参观的人不能进入，只能透过偌大的明亮玻璃窗往里看。您可以看到里面的工作人员穿着无尘衣，像航天员一样。除此之外，还要戴无尘帽、口罩、手套和鞋套，除了眼睛，都与外面隔绝接触。大型鼓风机将通过滤网的空气源源不绝地送入洁净室中。人和物进出都必须先经过空气吹浴，将表面粉尘去除。

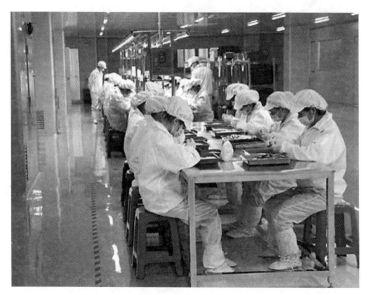

图3-1 洁净室

我：桂所长，请您介绍一下CCD芯片的制造工艺。

桂所长：CCD芯片制造工艺流程，简单说来可分为前段工序和后段工序（制程）。前段包括晶圆处理工序、晶圆针测工序；后段制程包括构装工序、测试工序。

晶圆是圆形的硅（Si）晶片（图3-2），晶圆处理工序是在晶圆上制作电路及电子元件（图3-3）。

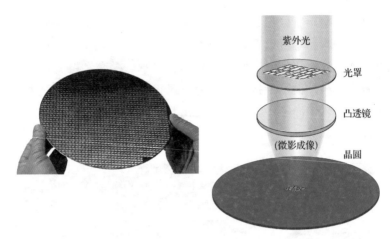

图 3-2 晶圆外形　　　　　图 3-3 晶圆光刻示意图

　　晶圆针测是用针测仪对晶圆上形成的晶粒检测电气特性。

　　构装工序是将单个的晶粒固定在芯片基座上，并将晶粒上的一些引接线端与基座底部伸出的插脚连接，作为与外界电路板的连接。

　　测试工序是芯片制造的最后一道工序，在自动测试设备中测试其电气特性及其他技术参数。

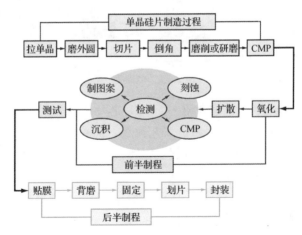

图 3-4 芯片制造工艺流程示意图

知识链接

CMP 和倒角

图 3-4 中 CMP 指化学机械平坦化，又称化学机械研磨。

硅片经过切割后边缘表面比较粗糙，为了增加硅切片边缘表面机械强度、减少颗粒污染，就要将其边缘磨削呈圆弧状或梯形，这就是倒角。

通过参观和讲解，我们开阔了眼界，没想到一块小小的芯片要经过这么多复杂而严格的工序。真是不简单啊！

接着我们又参观了摄像头生产车间。

我：桂所长，麻烦您，介绍一下 CCD 摄像头的制造过程吧！

桂所长：生产摄像头是在无尘车间的流水线上进行的，主要的制造流程包括外观设计、PCB 电路板设计、精密模具设计制造、注塑成形、无尘车间喷油、电路板 SMT 高速贴片、插件、装配、检测、包装（图 3-5、图 3-6，其中，PCB 为印刷电路板，SMT 是表面贴装技术）。

图 3-5　印刷电路板上焊接元件——后焊

图 3-6　摄像头检测——对照色卡检查色差

透过明亮的窗玻璃，咱们可以看到工人们在无尘车间生产手机摄像头的情景（图 3-7）。手机摄像头由印刷电路板、镜头、固定器和滤色片、数字信号处理器（CCD 用）、CMOS 或 CCD 图像传感器等部件组成。其工作原理是拍摄景物通过镜头将生成的光学图像投射到传感器上，然后光学图像被转换成电信号，电信号再经过模数转换变为数字信号，数字信号经过数字信号处理器加工处理，再被送到手机处理器中进行处理，最终转换成手机屏幕上能够看得到的图像。

图 3-7　工人们在无尘车间生产手机摄像头（照片来源于江西盛泰光电科技）

参观过生产车间，所长带我们到了展品陈列室，四周的橱窗里陈列着公司的产品，琳琅满目。

我：桂所长，你们所是主要从事光电产品研究、开发的综合性应用研究所，光电子系统工程的研究在国内居领先水平。你是这方面的专家，见多识广，能不能讲讲 CCD 的过去、现在和未来？

桂所长：您出的这个题目太大了。关于 CCD 的发明历史、结构和原理，王经理已经向你们介绍过了，我不再重复，这里只谈 CCD 的具体应用、发展和展望。

CCD 器件的应用，可谓异彩纷呈，可概括为二大类，一类是在电子计算机或其他数字系统中用作信息存储和信息处理；另一类用作图像传感器，即摄像器件。

与真空摄像器件相比，固体 CCD 成像器件具有体积小、质量轻、结构简单、功耗小、成本低、与集成电路工艺兼容等优点，正得到深入研发和普遍应用。到目前为止，CCD 已广泛应用于宇航、遥感、监控、军用设备、自动控制、机器人、计算机、雷达等技术领域。它有着广泛的使用价值和广阔的发展前景，这里无法全面论述，只讲图像传感方面的几项重要应用。人们司空见惯的数码相机、手机、可视电话、交通监控等系统中用的摄像头，均以 CCD 作为核心成像器件。

中、低档 CCD 多用于办公室自动化方面的传真机、复印机、摄像机、电视对讲机；工业方面用于机器人视觉、热影分析、安全监视、工业监控、汽车后视镜等；军事方面用于成像制导和跟踪、微光夜视、光电侦察等。高档 CCD 主要用于科研、医疗、高清晰度广播电视摄像以及星载、机载、空间检测遥感等领域。

CCD 传感器的技术发展始终没有停步，它的发展趋势有两个方向。一是研制特殊 CCD 传感器，如红外 CCD 芯片（红外焦平面阵列器件)、像增强器 CCD 器件（ICCD）及高灵敏度背照式 CCD 和电子轰击式 EBCCD 等，实现用小型化装置对微弱光成像的功能。另外大靶面如 2 048×2 048、4 096×4 096 可见光 CCD 传感器、宽光谱范围传感器（从紫外光到可见光，再到近红外光、中红外光和远红外光），目前已有商业化产品，并广泛应用于各个领域。

二是通用型或消费型 CCD 传感器，着重提高 CCD 摄像机的综合性能，如 CCD 传感器的像面尺寸向集成化、轻量化的方向发展，推进 CCD 摄像机的数字化，降低 CCD 传感器的工作电压、减少功耗，提高 CCD 器件的像素数，等等。

相信随着 CCD 图像传感器制作技术的提高，CCD 图像传感器的应用前景将更为广阔。

听了桂所长对 CCD 器件的应用和发展做的讲解，我们对 CCD 有了进一步的了解。离开之前，我对桂所长表达了感谢，真是"听君一席话，胜读十年书。"

第 4 章

CMOS 后 来 居 上

——[卜算子] 哥俩好——

打虎亲兄弟， 上阵父子兵。

两种器件哥俩好， 浓浓手足情。

数码相机里， 成像留倩影。

你追我赶科技路， 相辅又相成。

这一首词中"两种器件"指的是CCD和CMOS固体图像传感器，CCD前面说过了，可是我不太了解CMOS，就去请教物理学院教"半导体器件"的王教授，他很详细地向我介绍了CMOS的发展历程，以及CMOS与CCD的比较，下面是我与王教授的对话。

我

无事不登三宝殿，不好意思，想请教您几个问题。

您说吧！什么问题？

王教授

我：王教授，请您介绍一下CMOS和它的发展历程好吗？

王教授：CMOS（Complementary Metal Oxide Semiconductor）即互补性氧化金属半导体，它最初是计算机系统内的一种重要芯片，后来有人发现，将CMOS与光电二极管结合在一起，也可以做成一种感光的图像传感器。

CMOS与CCD像哥儿俩，科学家对它们的研究几乎是同时起步的。CMOS是1969年出现的，而CCD则是1970年发明的，看来CMOS倒是哥哥。这哥儿俩有些像，两者都是利用光电二极管进行光电转换，将光学图像转换为电子数据。不过，一开始哥哥发展得不如弟弟。由于受当时工艺水平的限制，CMOS图像传感器图像质量差、分辨率低、噪声大、光照灵敏度不够，因而没有得到重视和充分发展。而CCD器件因为具有光照灵敏度高、噪声小等优点，一直主宰着图像传感器市场，在早期的数码相机和摄像头中安装的几乎都是 CCD 感光元件，弟弟占了上风。在 20 世纪 70 年代和 80 年代，CCD 在可见光成像方面取得了主角的地位。

到 20 世纪 90 年代初，CCD 技术已比较成熟，并已得到非常广泛的应用。但是，随着 CCD 应用范围的扩大，其缺点也逐渐显露出来。比如 CCD 光敏单元阵列难与驱动电路及信号处理电路单芯片集成，难以处理一些模拟和数字电路功能，如模/数转换、精密放大；CCD 阵列驱动脉冲复杂，需使用相对较高的工作电压；无法与亚微米和深亚微米（小于 $0.35\,\mu m$）超大规模集成电路技术兼容，又因制作工艺特殊而成品率低，成本高；蓝光响应差；等等。

为克服这些缺点，满足对小型化、低功耗和低成本成像系统的消费需求，科学家去研究、改进、发展 CMOS 固体图像传感器。随着集成电路设计技术和工艺水平的提高，过去 CMOS 器件制造过程中不易解决的技术问题，到 20 世纪 90 年代找到了相应的解决方法，从而大大改善了 CMOS 的成像质量，CMOS 图像传感器的很多性能指标已经超过 CCD 图像传感器，CMOS 传感器再次成为研究和开发的热点，并且取得了长足的进步。目前，CMOS 传感器已成为消费类数码相机、电脑摄像头、可视电话等多功能产品的理想之物，随着技术的发展，已逐步应用于高端数码相机、手机和电视领域。CMOS 后来居上，在光电子成像领域形成了 CCD 与 CMOS 你追我赶的局面。

1. CMOS 与 CCD 的基本结构和工作原理

我：能不能将 CMOS 与 CCD 两者做一比较？

王教授：CMOS 图像传感器和 CCD 图像传感器有一点儿类似，就是在光电转换方面都利用了硅的光电效应原理。不同之处在于，光电转换后信息传送的方式不一样。下面我们从器件的结构、原理、应用等方面将 CMOS 与 CCD 做一比较，并分析各自的优缺点。

由前面说的可知，CCD 是由一行行紧密排列在硅衬底上的 MOS 电容器阵列构成的，不过目前的 CCD 器件多采用光电二极管代替过去的 MOS 电容器，因为和 MOS 电容器相比，光电二极管具有灵敏度高、光谱响应宽、蓝光响应好、暗电流小等优点。将一系列的 MOS 电容器或光电二极管排列起来，以两相、三相或四相工作方式把相应的电极并联在一起，并在每组电极上加上一定时序的驱动脉冲，它们就具备了 CCD 的基本功能。CCD 光敏元件产生的信号电荷不经处理直接输入到存储单元并转移到输出部分，通过输出电路放大并转换成信号电压。

CMOS 图像传感器最基本的像素单元结构，是在 MOS 场效应管（FET）的基础上加上光电二极管（图 4－1）。说得详细一点就是以一块杂质浓度较低的 P 型硅片做衬底，用扩散的方法在其表面制作两个高掺杂的 N^+ 型区作为电极，即场效应管的源极和漏极，再在硅的表面用高温氧化的方法覆盖一层二氧化硅（SiO_2）的绝缘层，并在源极和漏极之间的绝缘层的上方蒸镀一层金属铝，作为场效应管的栅极（图 4－2）。最后，在金属铝的上方放置一个光电二极管，这就构成了最基本的 CMOS 图像传感器。

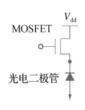

图 4－1　CMOS 的像素
单元结构符号

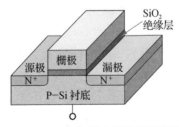

图 4－2　MOS 场效应管结构示意图

知识链接

场效应管

场效应管（缩写为 FET）简称场效应管，也称为单极型晶体管。它属于电压控制型半导体器件，是一种放大元件。场效应管有栅极、漏极、源极 3 个极，栅极的内阻极高，这一点和电子管类似。场效应管可分为结型场效应管（JFET）和绝缘栅场效应管（MOS 管）。场效应管在大规模集成电路中得到广泛的应用。

CMOS 的每一个光敏元件都带有放大器。当光敏元件接收到光照产生模拟的电信号之后，电信号会被放大器放大，然后经模数转换电路直接转换成对应的数字信号，通过输出电路输出（图 4-3）。

在 CMOS 摄像器件中，电信号是从 CMOS 晶体管开关阵列中直接读取的，不需要像 CCD 那样逐行读取。

我：王教授，在您看来，CMOS 和 CCD 各有什么优缺点？

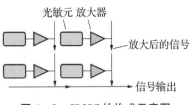

图 4-3　**CMOS 的构成示意图**

王教授：由于上述结构特点，与 CCD 相比，CMOS 具有信息读取方式简单、输出信息速率快、耗电少、体积小、重量轻、集成度高等优点。由于采用半导体厂家生产集成电路的标准流程和设备，CMOS 还具有便于制造、价格低等优点（图 4-4）。

正所谓"金无足赤，人无完人"，CMOS 也是有缺点的，主要问题是暗电流影响成像质量。此外，光敏元件各自的放大器放大率的偏差也会引起固定图形噪声，再加上材料缺陷等产生的噪声，必然会降低信噪比。

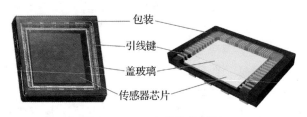

包装
引线键
盖玻璃
传感器芯片

图 4 - 4　CMOS 芯片外形图

 知识链接

暗电流

对于图像传感器，在光电二极管中除了会因光产生光电转换外，也会因热发生电子—空穴对，这称为暗电流。在没有光照射的情况下，光电元件中流动的电流，又称无照电流。暗电流是造成图像传感器出现噪声的主要因素之一。

固定图形噪声，即画面中位置固定的白点或黑点，主要是由于光电二极管的暗电流或感光度偏差而发生的。

CCD 图像传感器的优点是结构简单、噪声低、寿命长、无残像、精度和可靠性高等，在成像质量方面相对 CMOS 传感器有一定的优势。不过，CCD 传感器的生产需要特殊工艺，使用专用生产流程，成本高，成品率低。CCD 是成熟化技术，可以改良的空间不大。另外，CCD 的数据读取速度不如 CMOS 快，且仅能输出模拟电信号。这些是 CCD 的不足之处。

2. CMOS 与 CCD 在应用上的对比

我：王教授，CMOS 与 CCD 的应用如何？

王教授：CCD 的发展已有 40 多年的历史，可以说是相当成熟的产品。在早期数码相机中 CCD 被优先考虑，并且如今在高端电视摄像机和高级数码相机中，仍广泛采用 CCD 作为感光元件。从目前的情况来看，CCD 对高端产品市场的垄断地位很难动摇。除高品质的数码相机、摄像机外，扫描仪和各种高精度、高灵敏度的测试设备、医用和实验设备等，仍青睐 CCD。

如今，CMOS 已经能与曾经长期占主流的 CCD 图像传感器共分市场了。CMOS 图像传感器不仅大量用于便携式数码相机、手机摄像头、手持摄像机和数码单反相机等消费类电子产品中，而且已经广泛用于智能汽车、卫星、机器人视觉等领域，近年来越来越多的 CMOS 图像传感器出现在生物技术和医药领域，甚至人体内。当前，又出现了智能 CMOS 图像传感器领域的研究（图 4 - 5—图 4 - 7）。随着多媒体、数字电视、可视通信等市场需求的增加，CMOS 光电集成器件应用前景将更加广阔。

图 4 - 5　置于数码相机中的 CMOS 芯片　　　图 4 - 6　CMOS 摄像头

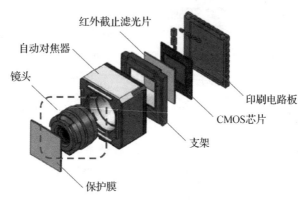

图 4–7　CMOS 摄像头结构示意图

可以预见 CCD 和 CMOS 图像传感器还会有很大的发展，其产品会随着计算机技术、通信技术等信息技术以及各项智能化技术的迅速普及而深入我们生活、工作、学习的方方面面。

3. CCD 和 CMOS 的综合比较

我：王教授，这样看起来，CCD 和 CMOS 的差别还是很大的。

王教授：是的，CCD 与 CMOS 图像传感器具有各自的特点，二者互为补充（表 4–1）。虽然 CCD 技术已经较为成熟，但是来自 CMOS 成像的竞争压力不断加剧，使得 CCD 必须不断改进，对它的研究也将不断向前推进。因此在可预见的未来，这哥儿俩将共同发展，为人类做出更大贡献。

表 4 - 1　CCD 与 CMOS 的比较

项目 ＼ 器件	CCD	CMOS
工作原理	电荷信号先传送，后放大，再 A/D 转换	电荷信号先放大，后 A/D 转换，再传送
结构	复杂	相对简单、生产成品率高
制造工艺	较特殊	标准集成电路工艺
灵敏度	高	较低
最低照度	低	较高
分辨率	高	较低
暗电流	小	大
空间噪声	低	较低
制造成本	高	低
耗电量	高	低
处理速度	慢	快
电源电压	12VDC	5VDC 或 3VDC
尺寸	较大	小

第 5 章

红外、紫外光成像器件

一花独放不是春，百花盛开春满园。

除却缤纷可见光， 另有特技展秘颜。

这首小诗说的是，在光电子成像器件的花园里，不仅仅CCD一花独放，还有一些具有特殊功能的图像传感器件，例如红外光、紫外光成像器件。

在日常生活里，我看到一些光电子设备，如紫外验钞仪、电视遥控器，不明其原理与结构，出于职业习惯，总想一探究竟，于是去请教光电专家王教授，下面是我与王教授的对话。

无事不登三宝殿，不好意思，想请教您几个问题。

我

您说吧！什么问题？

王教授

1. 关于红外成像器件

我：我想问的是关于紫外、红外这些非可见光成像的问题。

王教授：噢，原来是这样的问题。你已经熟悉了可见光图像传感器，像CCD和CMOS器件，除此之外，还有一些不可见光图像传感器也在为人服务，正像俗话说的"人外有人，天外有天"。为满足现代科学技术的需要，科技人员将CCD与其他器件组合在一起，制成了一些具有特殊功能的图像传感器件，它们统称为特种CCD图像传感器。有可用于夜视的微光CCD图像传感器，如军用夜视、跟踪与制导、红外侦察、预警的红外CCD图像传感器，用于刑侦和防伪的紫外CCD成像器件，用于医疗影像分析和工业探视技术的X光CCD图像传感器，等等。让我慢慢给你解释。

我：红外光、紫外光又称红外线、紫外线，都属于电磁波。首先，请解释一下电磁波的波谱吧！

王教授：电磁波包括的范围很广，将电磁波按照其波长或频率的大小顺序进行排列，便是电磁波谱（图 5-1）。

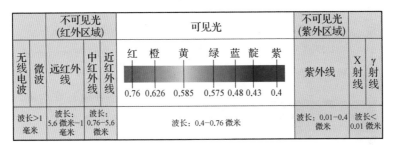

	不可见光 (红外区域)			可见光							不可见光 (紫外区域)	
无线电波	微波	远红外线	中红外线	近红外线	红　橙　黄　　绿　蓝　靛　紫 0.76 0.626 0.585 0.575 0.48 0.43 0.4						紫外线	X射线　γ射线
波长>1毫米	波长:5.6微米~1毫米		波长:0.76-5.6微米		波长: 0.4-0.76 微米						波长: 0.01-0.4微米	波长<0.01 微米

图 5-1　电磁波谱

这些电磁波各有各的用处，无线电波用于广播、电视、通信等，微波用于微波炉，红外线用于红外遥控、热成像仪、红外制导导弹，可见光让所有生物可以观察事物，紫外线用于医用消毒、验证假钞，X 射线用于医疗、CT 检验，伽马射线用于治疗，等等。这些只是它们用途的一、二例而已。

我：王教授，请讲讲关于光谱的历史发展。

王教授：先讲讲红外线的发现。1666 年，英国物理学家牛顿做了一个非常著名的实验，他用三棱镜将太阳白光分解为红、橙、黄、绿、蓝、靛、紫的色带，后来这个色带被称作为光谱。1800 年，英国物理学家威廉·赫歇尔（F. W. Herschel）从热的角度来研究各种色光时，发现了红外线。他让光通过棱镜分解为彩色光带，用温度计去测量光带中不同颜色区域的热量。试验中，他偶然发现一个奇怪的现象——放在光带红光外的一支温度计，比室内其他温度计的示数高。这个所谓热量最多的高温区，总是位于光带最边缘处红光的外侧。于是他宣布太阳发出的辐射中除可见光线外，还有一种人的肉眼看不见的"热线"，总是位于红色光外侧，叫作红外线或红外光。

知识链接

威廉·赫歇尔

弗里德里希·威廉·赫歇尔（Friedrich Wilhelm Herschel，1738—1822），生于德国一个音乐世家，他有着极强的音乐天赋，作过交响曲，开过音乐会，但他却在三十几岁的时候转

图5-2　威廉·赫胥尔

向了天文学，并且在这个领域大有建树，成为一位天文学家、物理学家（图5-2）。他也是恒星天文学的创始人，被誉为恒星天文学之父。他曾是英国皇家天文学会第一任会长、法兰西科学院院士，用自己设计的大型反射望远镜发现了天王星及其两颗卫星、土星的两颗卫星、太阳的空间运动、太阳光中的红外辐射；编制了第一个双星和聚星表，出版了星团和星云表；还研究了银河系结构。

　　红外线是一种电磁波，具有与无线电波及可见光一样的本质，红外线的发现为研究、利用和发展红外技术开辟了广阔的道路。在红外线发现后的200多年里，科研人员广泛进行了红外物理、红外光学材料、红外光学系统等多方面的探索与研究，其中许多研究成果在军事和国民经济领域被广为应用。20世纪50年代，红外点源制导空对空导弹诞生，70年代出现了红外热像仪，80年代以红外焦平面为基础的装备得到大力发展。

　　红外线有一些与可见光不一样的特性，首先人的眼睛对红外线不敏感，所以必须用对红外线敏感的红外探测器才能接收到；其次红外线的热效应比可见光要强得多；最后红外线更易被物质

所吸收，但对于薄雾来说，长波红外线更容易通过。

我：请再介绍一下红外成像器件。

王教授：红外成像器件属于红外探测器。简单说来，用来检测红外辐射存在的器件称为红外探测器。

红外探测器分热探测器和红外光子探测器两大类。热探测器，如热敏电阻、热电偶和热释电探测器等器件，直接利用辐射能所产生的热效应，又称作非制冷红外探测器件，它无需制冷，具有可在室温下工作的优点。光子探测器的工作原理则是基于光电导效应或光生伏特效应。这类器件多数必须在低温条件下工作才具有优良的性能，所以需要制冷。

知识链接

热释电红外探测器与热电偶

所谓"热释电"是指传感器的材料在感受到温度变化后会产生电荷变化的现象，宏观上是由于温度的改变使材料的两端出现电压从而产生电流。热释电红外探测器是20世纪80年代发展起来的一种高灵敏度探测元件。热释电红外探测器和热电偶都是基于热释电效应工作的，不同的是热释电红外探测器的热电系数远远高于热电偶。

目前，在热成像系统中，主要采用红外光子探测器，因为它无论在灵敏度、响应速度等方面，都优于热探测器。

我：我想知道我所喜爱的CCD是如何参与红外探测的。

王教授：那好，下面我就只谈谈红外焦平面阵列器件，这里面有你钟情的CCD的身影。

阵列型红外成像器件由阵列元组成，处于红外成像系统的焦平面上，常称为红外焦平面阵列。红外焦平面阵列是在面阵

CCD 图像传感器和红外探测器阵列技术基础上发展起来的。

光学上的"焦平面"一词是指光在光轴被聚焦的成像平面。在红外领域里，把成像在这个面上的红外探测器叫作"红外焦平面"器件。

红外焦平面阵列器件包括光敏元件和信号处理两部分。制作器件时不能直接将 Si-CCD 原封不动地作为红外摄像器件应用。因为在红外光谱区，这种器件对光不敏感。对红外光谱敏感的材料有掺金（Au）、掺汞（Hg）的锗（Ge）等窄禁带半导体，如锑化铟（InSb）、碲镉汞（HgCdTe）。

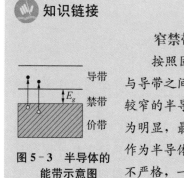

知识链接

窄禁带半导体

按照固体的能带理论，半导体的价带与导带之间有一个禁带（图 5-3）。在禁带较窄的半导体中，有一些物理现象表现得最为明显，最便于研究，因此把窄禁带半导体作为半导体的单独一类。但"窄"的界限并不严格，一般把禁带小于 0.26 eV 的半导体称为窄禁带半导体。

图 5-3 半导体的
能带示意图

红外 CCD 图像传感器主要优点是灵敏度高，可供探测的距离大；可自动跟踪移动目标；识别伪装目标的能力强；全被动式工作，生存能力强。

目前，按光电转换与信号处理完成的形式，红外焦平面阵列的设计方案分为混合式和单片集成式两类，目前多用混合式制成的高性能器件。

先说说混合式红外焦平面阵列。混合式红外传感器的红外光敏部分和信号电荷转移部分是分开的，红外光敏部分由窄禁带半导体红外敏感材料制成，并在冷却状态下完成光电转换功能，而信号转移部分通常由 Si-CCD 组成，可在常温状态下完成信号处理输出。两者混合的关键技术是解决光敏元件和 Si-CCD 的互连问题，其中包括热匹配和电接触。最近发展起来的互联技术已能显著提高成品率。根据互连方式不同，红外焦平面阵列可以形成多种结构，但基本结构为前照明结构和背照明结构。为了获得足够高的红外光像分辨力，必须用数百个像素构成面型传感器。

至于单片集成式红外焦平面阵列，则是把红外光敏部分和信号转移部分集成在一块芯片上，单片集成式具有封装密度高、便于大规模集成、可靠性好的优点。这涉及更多专业名词和半导体知识，这里就不多谈了。

我：请简单讲讲红外成像器件的应用。

王教授：红外成像技术能够把物体的不可见红外信号转换为可见的图像信息，因此广泛应用于军事、医疗和科学研究等领域。在军事上，红外成像系统可以在夜间识别人、车辆等目标。在医疗上。通过红外成像仪可以被动接收人体发出的红外辐射信息，凡能引起人体组织热变化的疾病都可以用它来进行检查，如癌症前期预警，心脑血管疾病、外科、皮肤科、妇科、五官科检查，等等（图 5-4）。在电力部门，红外热像仪已经成为电力行业预防性维护检测的核心工具。用红外热像仪进行状态监测，可以避免发生电力故障，预防电气火灾，有效保证电力企业的运行安全（图 5-5）。在安防方面，例如防火监控，在巡逻飞机上安装红外热像仪，可准确判定火灾地点和范围，通过烟雾发现火点，消灭火灾隐患（图 5-6）。可以预见，今后红外成像技术的应用将会越来越广。

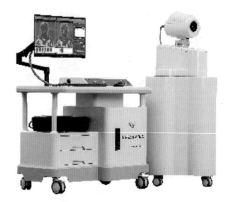

图 5 - 4　医用红外热像仪

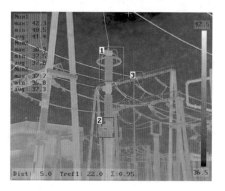

图 5 - 5　红外热像仪对升压站多区域测温

图 5 - 6　消防红外热像仪

2. 关于红外测温门

我：刚才您讲了红外技术的应用越来越广，的确如此。这两年许多场合安装了测温门，听说，有的就是利用红外探测器，能不能谈谈测温门？

王教授：测温门，也就是能够测量温度的门式结构产品。测温门种类繁多，分类却简单。从原理上讲，流行的测温门有两种：红外测温门和热成像测温门。

红外测温门靠人体发射的红外线进行工作，因为一个物体红外辐射与它外表温度有着十分密切的关系，所以根据对人体本身辐射的红外能量精确测量，便可以测量外表温度。红外探测头收集人体的红外辐射，通过光学系统聚集到红外传感器上。红外传感器通常采用热释电元件，这种元件接收的红外辐射温度发生变化后就会向外释放电荷，检测处理后输出信号，对信号处理后就可以加以显示或通过语音通知。红外测温门采用的红外传感器只吸收人体辐射的红外线而不向外界发射任何射线，通过非接触的方法感应人体的体温，对人体无损害。

热成像测温门通过检测人体表面的热辐射进行测温，大家知道，自然界中温度高于绝对零度（－273.15 ℃）的任何物体，随时都在向外辐射出电磁波（红外线等）。通过电子技术和计算机技术的处理，可以呈现出图像，也就是通常说的红外线热成像。将辐射源表面热量通过热辐射算法运算，就实现了热像与温度之间的换算（温度—灰度曲线），从而实现测温功能。

我：红外测温门的结构是怎样的？

王教授：通常，我们会在测温门的门框上挖出一个孔洞，用于安装红外探测头，里面连接红外测温仪器。当人经过测温门时，红外探测头对其身体某个部分的温度进行测量，然后将温度进行显示，并加以语言通知（图5-7）。

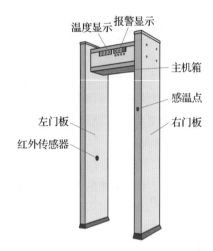

图5-7 通过式测温门外形

红外测温门由光学系统、红外探测器、信号放大器及信号处理、显示输出等部分组成（图5-8）。光学系统汇聚其视场内的目标红外辐射能量，红外能量聚焦在红外传感器上，转换为相应的电信号，该信号再经换算转变为被测目标的温度值。

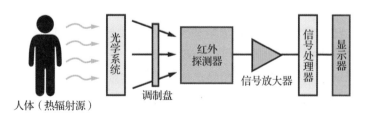

图5-8 测温门工作流程

我：请谈谈红外测温门的优点

王教授：红外测温门的优点归纳起来有下面几点：第一，非接触的方法检测体温，降低交叉感染风险、节省人力；第二，测温准确，在 30 ℃～45 ℃测量范围内，检测精度可达±0.3 ℃；第三，效率高，可在较远距离、大面积实现快速多人同时体温检测筛查，实现自动预警；第四，安装便捷，能够快速搭建，立即投入使用，适用于临时改建、扩建及新建的医院出入口、门诊通道、临时通道等多种场合；第五，支持历史数据回溯，为追溯疑似患者、亲密接触人员提供了数据支持。

我：红外测温门有这么多优点，它的应用场景有哪些呢？

王教授：红外测温门在学校、医院、机场、车站、海关、工厂、社区等各类人流量集中的公共场所出入口，可以实现对人员出入进行快速体温筛查。此外，红外测温门与人脸识别结合，还可实现人脸识别、门禁管理、多人测温、实时抓拍。有的厂家给金属探测安检门加入红外测温功能，称为测温金属探测门，既进行体温检测，又用于金属物品探测扫描，能精确检测到身上或行李中的金属物件，如各种各样的管制器具、武器装备等金属物件，适合于出入境口岸、机场、车站、码头、机关、工厂、宾馆等场所，其用途非常广泛。

3. 紫外成像器件

王教授：你可曾见过验钞笔？

我：看见过，用它对着钞票一照，钞票上某些部分会发出荧光。

王教授：你晓得这是什么原理吗？

我：不知道。可以请您解释一下吗？

王教授：验钞笔发出紫外线，可以使某些材料产生荧光，这是紫外线特有的性质，利用这种特性，可以制造紫外成像器件。下面我介绍一下这类器件。

紫外成像器件有真空型的像增强器和固体成像器件。紫外成像增强器于20世纪80年代问世，成为一种新型的高性能光电探测器。不过紫外成像增强器是电真空器件，体积、质量都比较大。随着半导体技术的发展，GaN（氮化镓）、InN（氮化铟）、AlN（氮化铝）这三种半导体材料，覆盖了从可见光到紫外光波段，被视为在蓝色和紫外波段最有前景的光电材料。随着GaN紫外光探测器工艺技术的不断改善，GaN紫外CCD成为紫外成像器件的主要发展方向。

我：请您重点介绍一下紫外CCD成像器件。

王教授：紫外线的波长范围为10 nm—400 nm，紫外光子在硅中容易被吸收，所以光子在硅中走不多远，难以穿透硅衬底，因而用硅CCD在紫外波段成像比较困难。不过现在已经找到能够克服困难的许多方法。例如在CCD表面淀积一层对紫外光子敏感的磷光物质；将CCD硅衬底减薄，采用背面照射方式，使光电子在被收集到CCD正面之前不被复合；等等。目前，紫外CCD多是将硅CCD减薄后涂荧光物质，把紫外光耦合进器件，它可使器件具有波长从真空紫外到近红外波段的摄像能力。

光电转换是决定器件探测性能的关键环节。用于紫外波段的光电转换组件应具有灵敏度高、分辨率高、噪声低、能进行光子信号检测的特点，紫外增强CCD（ICCD）无疑是理想的选择，它通过紫外光子图像增强、变换和数字成像，实现对空间紫外图像的高分辨力、高灵敏度接收。

紫外ICCD由紫外像增强器与可见光CCD结合而成，包括紫外光凸透镜、滤光片、光电阴极、微通道板MCP、荧光屏、光纤光锥、CCD等部件（图5-9）。

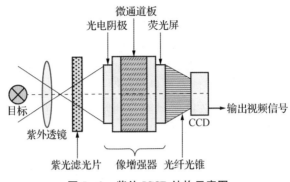

图 5-9　紫外 ICCD 结构示意图

　　紫外 ICCD 成像，首先需要景物所发出的紫外辐射光子通过光学系统（凸透镜、滤色片）入射到像增强器的光阴极上，进行光电转换；然后，像增强器内生成的光电子经由高压电场加速后通过微通道板 MCP 进行电子倍增，从而实现对弱信号的放大；接着，像增强器倍增电子轰击到荧光屏上实现电子—光子的转换，输出为绿光；光子通过中继光学元件（光纤锥或者透镜），将增强的目标图像耦合到 CCD 上；最后，CCD 把光敏元上的光信息转换成与光强成比例的电荷，在一定频率的时钟脉冲驱动控制下，CCD 累积的电荷转移出来，输出数字视频信号。如此，紫外 ICCD 通过紫外光子图像的增强、变换和数字成像，实现了对空间紫外图像的高分辨率、高灵敏度接收。

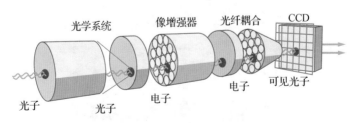

图 5-10　典型的紫外 ICCD 组件

我: 如何用紫外成像器件做成紫外 CCD 相机?

王教授: 紫外 CCD 相机主要由光学部分、电学部分和机械结构部分组成。光学部分是由透镜组和窄带紫外滤光片组成的光学镜头,透镜组与普通的数码相机相同,完成透镜成像功能。紫外窄带滤光片的功能是滤除背景光并保证紫外光通过。在镜头前加装紫外滤光片后,CCD 便只能看到紫外光。电学部分主要是紫外 CCD 阵面和数据采集处理电路,与普通数码相机 CCD 或 CMOS 的不同点是,紫外 CCD 阵面只对紫外光敏感,对其他波段光不敏感。机械结构部分将相机光学部分和电学部分组装到一起,并为相机提供环境保护和外部安装接口。

高性能、高灵敏度的紫外 CCD 相机,适用于多种科研和工业成像领域,例如紫外探测、半导体掩模检测、质量监控和燃烧分析(图 5 - 11—图 5 - 12)。目前,紫外 CCD 相机还可用于无人机巡检电力线路作业,取得了良好效果(图 5 - 13)。

图 5 - 11 紫外 CCD 相机　　　　**图 5 - 12 紫外相机**

图 5 - 13 无人机巡检电力线路

我：请王教授简单介绍一下紫外光电探测技术的应用。

王教授：由于紫外线可以引起某些物质在黑暗中发光，所以它在公安刑侦、纸币与证件等防伪检测方面应用广泛；在医疗和生物学领域应用也很多，如检测癌细胞、微生物、血色素、白细胞、红细胞、细胞核以及诊断皮肤病变等；在军事上，可用于紫外通讯、紫外/红外复合制导和导弹跟踪等。

我：请王教授解释一下紫外验钞仪的工作原理。

王教授：简单验钞笔的原理就是用可以发出近紫外光及紫光的荧光管，去照射钞票的紫外防伪标志，这种标志在紫外及紫光的激发下能发出荧光。不过，随着印刷技术、复印技术发展，伪钞制造水平越来越高，必须不断提高验钞仪的辨伪性能。这种简单验钞笔有时会误报或漏报，所以银行不推荐使用。现在的高级验钞机集计数和辨伪于一身，辨伪手段通常有荧光识别、磁性分析、红外穿透三种方式（图5‐14）。

图5‐14　小型验钞机

4. X光成像器件

我：可不可以介绍一下X光成像器件与应用？

王教授：伦琴在1895年发现了X射线，所以X射线又称作伦琴射线。X射线的本质与可见光、红外光、紫外光完全相同，均属于电磁辐射，也被叫作X光。它的波长短、光子能量大、透过能力强，在医学透视、无损探伤、X射线衍射以及天文学、材料学等方面有着广泛的应用。

X射线用于医疗影像分析和工业探视已经多年。正是因为X

光透过能力强、能量大，所以长时间暴露在大剂量 X 光中，会对人体造成伤害，因此有人"谈 X 色变"，呼吁尽量少做 X 光透视。为了减小 X 射线对人体的危害，多年来人们不断地探索和研究，找到了三种方法。一是减小 X 射线照射的剂量，并对 X 射线进行图像增强；二是利用图像传感器将现场图像传送到安全区进行观测，这样既可以使医务人员离开现场，又可以通过计算机进行图像计算、处理、存储和传输；第三种方法则是上述两种方法的结合，将 CCD 图像传感器和 X 射线像增强器有机结合就可以了。

（1）X 光像增强器

X 射线像增强器也是一种光电成像器件。它由光电阴极、电子透镜、荧光屏三个基本部分组成（图 5-15）。

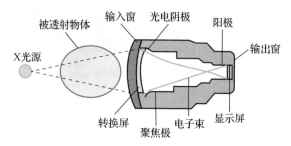

图 5-15 X 射线像增强器示意图

X 射线像增强器之所以能增强，主要在于光电阴极的特殊结构（图 5-16）。输入窗采用高透过率、低散射的轻金属（铝或钛）制成，轻金属层里面是一层荧光层，再里面是一层透明隔离层。在隔离层的内表面，是锑铯光电阴极。当 X 射线穿透物体投射到像增强器阴极表面上时，首先 X 射线在荧光层里转换成可见光信号，这是光—光转换。紧接着光信号激发里层的光电阴极，将其转换成电信号，这是光—电转换。于是一幅穿透物体的 X 射线图像就变成了一幅强度与之对应的电荷图像。电荷图像在电子透镜系统中聚焦、加速，以很高的速度轰击荧光屏，在荧光屏上电子图像又变成了一幅可见光图像，这幅图像是经过增强的图像，这是电—光转换。除了加速电子使图像得以增强外，亮度同样得以提高，其增益可以达到 100 倍左右。

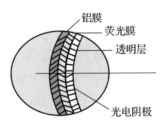

铝膜
荧光膜
透明层
光电阴极

图 5‑16　X 射线像增强器的阴极结构

一种新一代的 X 光像增强器已研制成功（图 5‑17）。这种 X 光像增强器的阴极面积大，可以探测显示的目标范围更大，而且阴极结构简单，制作容易，有利于降低成本；它有高的增益，因而可能使 X 光的照射剂量进一步减小；阴极结构简单，通道尺寸小，有利于进一步提高整体分辨率，从而提高透视目标图像的清晰度。这种 X 光像增强器具有理想的性能，在医疗仪器和工业探伤应用方面都将有较好的市场前景。

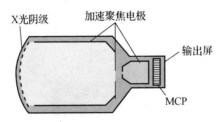

X光阴级
加速聚焦电极
输出屏
MCP

图 5‑17　新一代 X 光像增强器结构示意图

（2）工业用 X 射线光电检测系统

X 光像增强器主要用于医疗和工业探测，在医院中的应用以后再讲，这里仅举在工业应用上的一例。

工业用X光检测系统是一种非常好的非接触无损检测手段，它主要用于工业探伤，如检查锅炉的质量、飞机零部件的质量等。用在生产线上的X光摄像检测系统，X光光源所发出的低剂量X光穿透被测零部件，投射到X光像增强管的光阴极面上，将X光图像转换成电子密度图像，在内部电场的作用下加速，在像增强管的荧光屏上成像，最后将电子图像转换成可见光图像（图5-18）。可见光图像经物镜再次成像在CCD上，这个CCD可用线阵或面阵的，所检测的视频图像经A/D采集接口卡将工件的灰度图像转化为数字图像，存于计算机中。最后，经计算机软件分析，得出检测图像合格与否，从而实现生产、检测、分类的自动化。

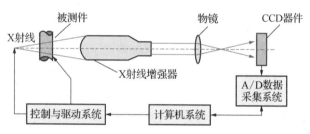

图5-18　工业用X光摄像检测系统原理示意图

我：王教授，我们司空见惯的火车站、机场、地铁入口的安检机是什么原理呢（图5-19）？

图5-19　安检机外形图

　　王教授：安检机与上述工业用 X 光摄像检测系统原理相同。
都是利用小剂量的 X 射线照射被检物品，X 射线透过被检物品，
最后轰击半导体探测器（例如光电二极管阵列）。探测器把 X 射
线转变为信号，这些很弱的信号被放大，并送到信号处理机箱做
进一步处理。计算机根据透过射线的变化，分析被穿透的物品性
质。显示屏上的图像是计算机模拟图像，主要用不同颜色突出显
示有危险性的物品（图 5-20）。许多日常用品会被忽略掉，不会
显示出来（图 5-21）。

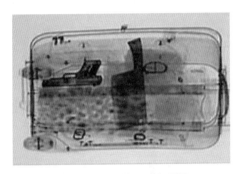

图 5-20　安检机过包图像

图 5-21　安检员在查看 X 射线安检机

谈话结束，我向王教授表示感谢，王教授的讲解令我茅塞顿开，增长不少知识，他渊博的知识令我敬佩。正如孔子所说："三人行，必有我师焉。"

第6章

数码相机和智能手机

—— 春 游 ——

春意盎然百花艳，

师生郊游乐陶然。

智能手机高举起，

摄下美拍作纪念。

这首打油诗赞的是 CCD 和 CMOS 在照相中的应用。

1. 数码相机

在一个春光明媚、阳光灿烂的日子，老师带着同学们去春游，同学们纷纷端起数码相机或智能手机，拍下眼前的迷人景色（图6-1）。有的同学问，相机里是什么东西，为什么能记录下这美好的春光？我说，里面装有 CCD 或 CMOS 感光元件，至于CCD 和 CMOS 为什么能用于照相，还是请王教授讲讲。

图 6-1　数码相机拍照

无事不登三宝殿，不好意思，想请教您几个问题。

我

您说吧！什么问题？

王教授

我：王教授，请讲讲 CCD 和 CMOS 是如何用于照相的。

王教授：先从数码相机讲起。

数码相机又称为数字相机（Digital Still Camera，DSC），它的历史可以追溯到 20 世纪 70 年代。1975 年美国纽约柯达实验室中诞生了世界首台数码相机，这台数码相机的发明人是柯达公司应用电子研究中心的工程师史蒂文·赛尚（Steven Sasson）。1973 年赛尚硕士毕业后进入柯达公司，担负起研制"手持电子照相机"的重任，1975 年制成首台数码相机，于是他也就成为"数码相机之父"。

图 6 - 2　手持数码相机的赛尚

1980 年，世界第一台商品化量产的数码相机发布，这种新型的照相机在拍摄和处理图像方面有着得天独厚的优势，有了它，几乎人人都可成为摄影师。数码相机实质上是一种非胶片相机，它采用 CCD 或 CMOS 作为光电转换器件，将被摄物体以数

字形式记录在存储器中。数码相机与传统的照相机的主要区别在于它们的接收器，传统相机的接收器是感光胶片，而数码相机的接收器是 CCD 或 CMOS 图像传感器（图 6 - 3）。

图 6 - 3　国产数码相机外形图

数码相机有各种型号，结构也各不相同。一般说来，数码相机主要由光学镜头、图像传感器（CCD 或 CMOS）、模/数转换器（A/D）、内置存储器、微处理器（MPU）、图像存储卡（可移动存储器）、液晶显示屏（LCD）、接口、电源等组成，有的相机还配有闪光灯（图 6 - 4）。

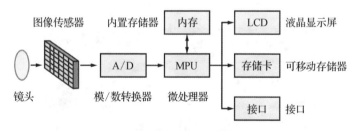

图 6 - 4　数码相机基本结构示意图

先说镜头。镜头是数码相机的核心部件之一，是数码相机的眼睛，镜头的作用是将景物清晰地成像在 CCD 或 CMOS 图像传感器上，并具备对焦、光圈功能。当你调焦于某个景物并按动快门时，镜头就将景物成像在图像传感器上，这个图像是光学图像。从成像原理上讲，数码相机的镜头与传统相机的镜头没有什

么区别。

为了消除或减少在像面上可能出现的干扰图像，通常在光学系统中加入低通滤波器（图6-5）。此外，为消除CCD对红外光的感应，还会加入红外滤光片（膜）。有时为降低CCD噪声，还加入蓝色滤镜（膜）。

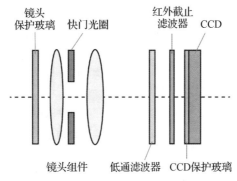

图6-5　典型的数码相机镜头光学系统示意图

数码相机按档次不同，其镜头基本结构可分为单反镜头和普通镜头。按其焦距不同，又可分为单焦距式、双焦距式和变焦距式。单反镜头一般用于质量较高或专业型的高档数码相机中。普通镜头中单焦距式和双焦距式的结构比较简单，制造容易，成本低；而变焦距式镜头结构复杂，兼有远摄（长焦）和广角（短焦）功能。目前，带变焦距式单反镜头的数码相机是购买者的首选（图6-6）。

我：王教授，请您谈谈CCD或CMOS在数码相机里是怎样工作的。

王教授：CCD或CMOS是一种半导体芯片，其表面包含几十万到几百万个光敏元件。当光敏元件受光照射时，就会产生电荷，电荷的多少与光强成正比，光线越强，产生的电荷就越多，反之亦然。这样当按动数码相机的快门时，外面的景物通过镜头

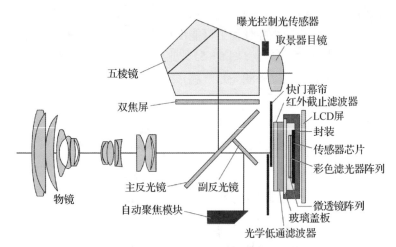

图 6-6　单反数码相机典型结构示意图

生成的光学图像就照射在图像传感器表面上（图 6-4），图像传感器则把光学图像转变为电荷图像，再转变为电信号（模拟信号）；模拟信号经过模/数（A/D）转换器转换为数字图像信号；数字图像信号在微处理器中加工处理成特定格式的图像文件，例如 JPG 格式；最后将数字图像文件送到内置存储器或可移动存储器（外存储卡）存储。这些过程是数码相机自动完成的。

此外，数码相机还带有液晶显示屏（LCD），可以及时查看所拍的照片。接口的作用是为数码相机与其他设备的连接提供一个通道。

我：数码相机有什么优越性？

王教授：数码相机集成了影像信息的转换、存储和传输等多种部件，实现了数字化存取模式，可与计算机交互处理，并可实时拍摄。因此数码相机有很多的优点：

第一，成像快。数码相机随拍即看，可立即在显示器上显示，可实时监视影像效果，也可随时删除不理想的图片。

第二，用途多样。数码照相机可以代替传统照相机进行拍摄，也可作为计算机的图像输入设备，其应用的广泛性是其他照相机和计算机的图像输入设备所不具备的。

第三，呈现多样。数码照相机拍摄得到的数字影像文件，不仅可像常规摄影一样得到照片，还可以通过本身的彩色液晶显示器显示，或通过计算机显示屏显示呈现；有视频输出插口的数码相机，还可以将所拍摄的图像通过电视机显示观看；有些数码照相机还可以直接与打印机相连，所拍摄的照片可直接打印成照片。

第四，易加工处理。数码相机拍摄的照片可以很方便地用图像软件（例如 photoshop）进行剪切、编辑、打印，并可将影像存储在计算机中。

第五，快速远距离传送。用数码相机拍下的照片，可通过 E-mail、QQ 等网络工具，把拍好的照片立即传输给亲朋好友，与之共享。

至于数码相机的使用大家都会，数码相机的日常保养，大家也都知道，我就不讲了。

数码相机经过许多年的发展，其技术日趋成熟，应用越来越广泛，性能不断加强，功能越来越完善，价格越来越便宜。正如那首古诗所说的："旧时王谢堂前燕，飞入寻常百姓家"。的确，现在数码相机已经进入寻常百姓家。

数码相机是在光学技术、光电传感技术、微电子技术及计算机技术的基础上发展起来的高科技产品，但是它并不神秘，使用起来比传统摄影更方便、省时、有趣，它进一步降低了摄影的门槛，使普通百姓都能成为摄影师。在用它时，你可不要忘记感光元件 CCD 和 CMOS 的功劳啊！

2. 智能手机

我：王教授，数码相机您讲得很好，能不能再谈谈智能手机？

王教授：世界上公认的第一部智能手机 IBM Simon（西蒙个人通信设备）诞生于 1993 年，它也是世界上第一款使用触摸屏

图 6-7　世界上第一部
智能手机 IBM Simon

的智能手机，它由 IBM 与 BellSouth 公司合作制造（图 6-7）。智能手机具有独立的操作系统，可以由用户自行安装和卸载应用软件，以便扩充手机的功能，并可以通过移动通信来实现无线网络接入。

　　现在智能手机太普遍了，几乎人手一台，如今在人们生活中已经变得不可或缺。十多年前，我们对手机的理解，就是打电话、发短信，可以随身携带。这些年，手机功能不断拓展，新增了拍照等功能，用手机拍照似家常便饭，随时随地可做。

我：手机为什么能拍照？

王教授：这些功能是通过手机上的摄像头实现的。也就是我之前说过的，因为它里面有感光元件 CCD 或 CMOS，就像数码相机一样。

　　随着手机的发展越来越迅猛，手机的摄像头已经从早期的 10 万像素一跃超过部分数码相机的像素，以某款手机为例，该手机提供 5 000 万有效像素、4 K 高清摄像以及极快的响应速度，足以满足一般用户的拍照需求，越来越多的人开始使用手机代替相机来拍照。手机拍照有几个好处，一是手机轻；二是手机拍照简单，拿起来就能拍，不需要设置和准备，有点"傻瓜相机"的味道；三是手机拍照方便，对于不会使用相机的用户，在自动对

焦、自动补光等"傻瓜式"的操作方式下拍摄出来的照片,其效果甚至要超过用单反相机拍出来的效果;第四,对于喜欢自拍的用户来说,手机比相机照相更加方便(图6-8)。

图6-8 智能手机外形图

智能手机的照相电路主要由主摄像头、前置摄像头、闪光灯、应用处理器、基带处理器等组成(图6-9)。

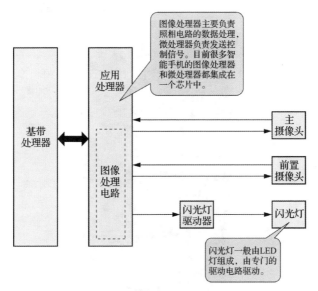

图6-9 照相电路的组成

从智能手机照相电路的构成可以看出,手机前后都有摄像头,拍照甚为方便。

知识链接

应用处理器和基带处理器

应用处理器是伴随智能手机而发展起来的，全名叫多媒体应用处理器，简称 MAP。应用处理器是在低功耗 CPU 的基础上扩展音频与视频功能和专用接口的超大规模集成电路。

基带处理器是手机的一个重要部件，负责数据处理与储存，主要组件为数字信号处理器（DSP）、微控制器（MCU）、内存（SRAM、Flash）等单元。它提供多媒体功能以及用于多媒体显示器、图像传感器和音频设备的接口。

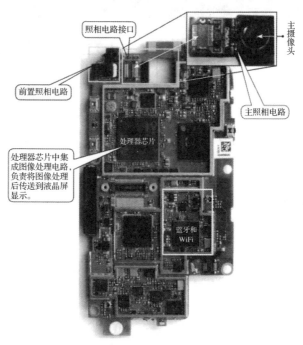

图 6-10　照相电路部件在智能手机中的位置

（引自张军等编著，智能手机软硬件维修从入门到精通，机械工业出版社，2015，第 112 页）

3. 平板电脑

我：请谈谈平板电脑拍照功能。

王教授：2010年，苹果发布了首台平板电脑iPad，自此平板电脑在市场上一路高歌猛进，成为最热门的数码产品之一，越来越多的人开始使用它。

平板电脑（Tablet PC）是一种小型、方便携带的个人电脑，它的构想是比尔·盖茨提出来的（图6-11）。目前的平板电脑按结构设计大致可分为两种类型，即集成键盘的"可变式平板电脑"和可外接键盘的"纯平板电脑"。可变式平板电脑将键盘与电脑主机集成在一起，电脑主机则通过一个巧妙的结构与液晶屏紧密连接，这类平板电脑以触摸屏作为基本的输入设备，允许操作者通过触控笔或数字笔而不是用传统的键盘或鼠标来进行作业（也称为数位板技术）。

图 6-11　比尔·盖茨像

平板电脑是PC家族新增加的一名成员，其外形介于笔记本电脑和掌上电脑之间，但其处理能力大于掌上电脑。与笔记本电脑相比，它除了拥有其所有功能外，还支持手写输入或者语音输入，移动性和便携性都更胜一筹（图6-12）。

平板电脑除了电脑功能以外，还有照相、游戏等众多功能，使用较为方便。其拍照功能都是通过机内的CCD或CMOS摄像头实现的，这与数码相机或手机内的感光元件大同小异，这里不再重复。

(a) 可变式   (b) 纯平板

图 6-12　平板电脑外观

　　推而广之，许多电子产品，要采集光学图像使之变为电信号，往往需采用 CCD 或 CMOS 图像传感器，即感光元件，所以，它们可称作无处不在的眼睛。

　　我：听完王教授的一番话，我深有感触。我虽读了近 20 年书，又教了近 50 年书，可是对许多新产品或新事物，一无所知或知之甚少，在层出不穷的新科技面前，几乎成了"科盲"，自觉惭愧。正所谓"书到用时方恨少，事非经过不知难"。所以我要像鲁迅先生说的："倘能生存，我当然仍要学习。"在新事物面前，在新时代里，要与时俱进，不断刻苦努力。还要记住那句格言："书山有路勤为径，学海无涯苦作舟。"

第7章

CCD 在军事上的应用

游国防园

风和日丽星期天,

爷孙同游国防园。

孙子爬上坦克车,

爷去观看武器展。

这首打油诗说的是我和孙子参观国防园的事。一进国防园的大门，就看见一辆重型坦克威武雄壮地屹立在那里，孙子不由分说就跟着其他孩子爬了上去，我则去看国防知识展（图7-1）。只见在宽阔的林荫大道旁，竖立着一排展板，上面介绍先进的武器装备，其中有一板专门介绍CCD图像传感器在军事上的应用，于是我和讲解员聊起这个话题（图7-2）。

图7-1　国防园里的坦克

图7-2　国防知识宣传展板

我

看了展览，我有几个问题向您请教。

您说吧！什么问题？

讲解员

我：因为我对CCD情有独钟，所以对CCD图像传感器在军事上的应用最感兴趣，请您详细讲一讲。

讲解员：CCD图像传感器在军事上应用非常广泛，CCD相机主要用于战机、舰船和坦克等武器装备的图像探测部件，可见光 CCD 相机主要为侦察、制导、预警、瞄准等武器系统提供高清晰度、高分辨率的图像，并通过高速实时监控等技术，反馈回战斗信息，从而提高部队作战和反应能力。CCD 图像传感器在军用武器装备中扮演着电子眼的重要角色，对于战争的胜负起着非常关键的作用。

在非可见光成像领域，如 X 射线成像、红外线成像、紫外线成像等的应用也越来越广。军事方面的非可见光成像主要应用于夜视等。

随着 CCD 器件的迅速发展和对其研究的不断深入，其性能也不断提高，为军事应用展现了更加光明的前景，CCD 图像传感器在军事领域中发挥着越来越重要的作用。

1. CCD 图像传感器在坦克红外夜视瞄准仪中的应用

我：请先讲一讲红外线成像的军事应用。

讲解员：CCD 图像传感器在坦克红外夜视瞄准仪中的应用，从其工作原理来说，可分为两大类，即主动式和被动式。主动式红外夜视瞄准仪由红外照明光源、红外摄像机、摄像机控制器、显示器等几部分组成，红外光源发出红外光经目标反射后被红外摄像机获得，而后经摄像机控制器输出到显示器（图 7 - 3）。目标反射回来的红外线经光学系统汇聚至 CCD 上，产生的视频信号经放大器输出到下一级的摄像机控制器（图 7 - 4）。由于 CCD 与红外视像管相比有体积小、重量轻、功耗低、寿命长等优点，所以 CCD 摄像器件的应用非常广泛。

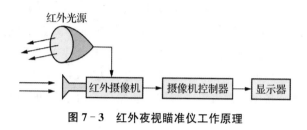

图 7 - 3   红外夜视瞄准仪工作原理

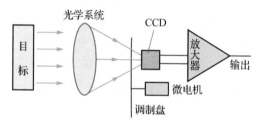

图 7 - 4   红外摄像机结构原理图

2. CCD 在武器装备无损检测中的应用

我：请您再谈谈 CCD 固体传感器在武器检测中有什么应用。

讲解员：无损检测现在已成功运用于武器装备的检测中，X 光光电检测系统就是一种比较好的无损检测手段。它主要用于武器装备的探伤，比如装甲车辆焊接部位的检查，飞机零件、发动机曲轴质量的探查，等等。通常，这类检查是采用高压（几百千伏）产生的硬 X 射线穿透零件进行拍片观察的。这种强度的 X 射线对人体危害极大，实际应用中很不方便。采用 X 光光电检测系统对武器装备进行探伤，改变了过去的常规方式，克服了过去采用方法的缺点，具有安全、迅速、节约等多种优点，是一种较为理想的检测方法。

该系统的工作过程是：X 光穿透被测件投射到 X 光增强器的

阴极上，经过 X 光增强器变换和增强的可见光图像为 CCD 所摄取，进一步变成视频信号。视频信号经采集卡采集并处理为数字信号送入计算机系统。计算机系统将送入的信号数据（含形状、尺寸、均匀性等数据）与原来存储在计算机系统中的数据比较，于是便可检测出误差数值等一系列问题来。检测的结果不仅可以显示或由外部设备打印记录下来，而且还可将差值数据转换为模拟信号，用以控制传送、分类等伺服机构，自动分拣合格与不合格产品，实现检测、分类自动化（图 7-5）。

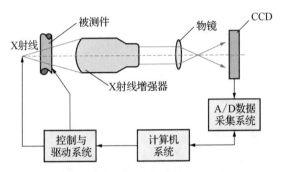

图 7-5　X 射线光电检测系统的原理图

3. CCD 摄像机在军机上的应用

我：您上面的介绍使我茅塞顿开、受益匪浅。能不能再谈谈 CCD 摄像机在军机上的应用？

讲解员：好的。CCD 摄像机在军机上有许多应用，这里单说军机用座舱 CCD 摄像机。

就像汽车里的行车记录仪一样，军用战斗机也要记录飞行过程或攻击的目标，过去通常是使用 16 mm 胶卷的摄像机；侦察机也是使用胶卷摄像机，着陆后要经过几小时的胶卷显影方可取得情报，费时又费力。现在在座舱里装上 CCD 摄像机，即可获取实时的侦察和战斗信息，可随时随地可观看 CCD 摄像机的图像视频记录，比过去的胶卷摄像在时间上缩短许多。20 世纪 70 年代，有的国家空军用 CCD 图像传感器制成广角摄像机，将其安装在侦察机上，在 60—900 m 高度，以 885 km/h 的飞行速度进行了试验。当飞机飞越坦克和卡车等目标时，显示了极好的图像分辨率，经鉴定完全符合航空设备军用技术规范，随后陆续在许多战机上开始安装座舱 CCD 摄像机（图 7-6）。

图 7-6　军机座舱安装的 CCD 摄像机

4. CCD 在导弹制导系统中的应用

我：请讲一讲 CCD 在导弹制导系统中的应用。

讲解员：CCD 固体图像传感器所具有的低成本、高性能、小型化、长寿命、低功耗和高可靠性等特点，从军事应用的角度看，是最有吸引力的。由于 CCD 摄像机固有的优点，使它更适合用于电视制导（图 7-7）。将它装在导弹中，成为导弹上的寻物摄像机，把搜索到的目标传送到监视器的屏幕上。当目标在屏幕十字线交点上时，即可发射导弹。导弹前端装的 CCD 摄像机在导弹发射后自动跟踪目标，直到击中目标。配备电视制导的空对空导弹，可靠性高，精度高，抗干扰能力强。

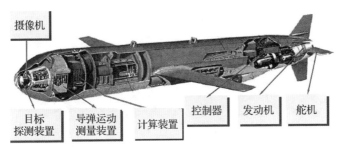

摄像机

目标
探测装置

导弹运动
测量装置

计算装置

控制器

发动机

舵机

图 7-7　制导导弹

　　我：通过这次参观，我亲眼见到我国现代军事发展的巨大变化，感受到祖国强大的军事力量。国家要强大，国防力量是最重要的。而先进的武器，是国防强大力量的保证。面对复杂的国际局势要不断增强综合国力，加强国防现代化建设，用先进的武器装备保卫世界和平及中国人民的幸福生活。

第 8 章

CCD 用 于 医 疗 设 备

贺华诞

悠悠建院八十年，	救治病员千千万。
华佗扁鹊疑再世，	德医双馨美名传。
救死扶伤济众生，	医科高峰敢登攀。
为国争光为人民，	医改路上谱新篇。
求恩精神传万代，	快马扬鞭永向前。

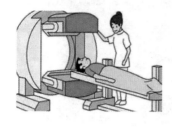

　　这是我为庆贺人民医院 80 周年华诞奉上的一首小诗。医院 80 周年庆，组织了一场大型医疗设备展，一为展示改革开放 40 年来的光辉成就，二是普及医疗卫生知识，让广大群众了解和利用先进的医疗设备。

　　我跟着医疗器械管理科的徐医生来到医院的一个大厅参观，四周布满了展板，琳琅满目。

无事不登三宝殿，不好意思，想请教您几个问题。

我

您说吧！什么问题？

徐医生

　　我：徐医生，我最感兴趣的是光电子成像技术在医疗设备上的应用，请徐医生介绍一下。

　　徐医生：光电子成像技术在医疗设备上的应用非常广泛，在许多医疗设备中都有 CCD、CMOS 等成像器件的身影。统计表明，医院中三分之一的固定资产用在成像设备上，医生获取的疾病信息 70％以上是各类医用成像设备提供的。这当中既包括病人组织器官的形态图像信息，也有功能图像信息。通常，医用成像系统提供的形态（解剖）图像包括 X 线图像、X-CT 图像、核磁共振图像、超声图像和电子内窥镜视频图像等；医用成像系统提供的功能（代谢）信息包括单光子发射计算机断层成像（SPECT）、正电子发射断层成像（PET）、功能磁共振成像（fMRI）和灌注成像等。一个多世纪以来，医用成像的理论、技术和设备有了飞速的发展，为造福人类健康做出了突出的贡献。

1. 腹腔镜微创手术用的 CCD 摄像机

我：什么叫腹腔镜微创手术？

徐医生：腹腔镜微创手术俗称小孔手术或钥匙孔手术，是"不开刀"的手术，仅用摄像设备和特制的手术器械进行手术。这种手术在患者腹部切开钥匙孔大小的切口，医生把一个管状腹腔镜插入患者体内。这样，在电视的监视下，医生就可以全面、直观地了解腹腔内脏器的具体病情，并且一目了然地通过腹腔镜做手术。该腹腔镜的核心部分就是超微型 CCD 摄像机。这种手术至少有对人体创伤微小、创面出血少、疼痛轻、恢复快、住院时间短五大优点。

有人可能有这样的顾虑："腹腔镜就用几个那么小的孔，手术能做干净吗？"其实这种顾虑没有必要。开腹手术好比在门外面看屋内的情况，总有一些死角，有一些地方不是很容易从门外触及的。而腹腔镜手术，由于将医用 CCD 摄像头放入了患者腹部，所以相当于手术医生站在屋子里，不仅可以仔细地观察屋内所有角落的情况，而且很容易接触到屋内的任何地方。并且现在的监视器都是高清大屏幕，能把腹腔内的脏器解剖结构显示得更清晰。众所周知，外科医生首先要看得清，才能切得准。

除了腹腔镜手术，这种腹腔镜还可对不明原因的腹腔疾病和胸腔以及纵隔疾病进行直视诊断和取组织做病理诊断，还可用于妇科、关节腔等有腔脏器的诊断和治疗。

这种能置于人体内的超微型 CCD 摄像机还可以由微型机器人进行智能控制，给难度很高的"钥匙孔"手术带来了福音。这也是 CCD 摄像机微型化技术对微创外科手术做出的新贡献（图 8-1）。

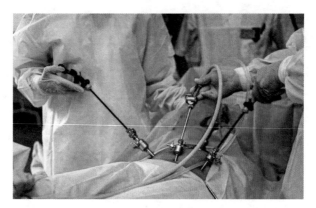

图 8-1　腹腔镜微创手术

2. X 线电视成像系统（X-TV）

　　我：（指着展板上的照片问）这就是 X 线电视成像系统吗？听说过。

　　徐医生：从 1994 年起，国外普遍使用 CCD 医用 X 射线电视系统，在 500 mA X 线机、300 mA X 线机、C 臂机和移动式 X 线机上几乎全部采用 CCD 摄像机，同时采用了数字去噪声技术，发展异常迅速。

　　X 射线电视成像系统由 X 射线影像增强器（一种把入射 X 射线透视图像转换为相应荧光图像的装置）把输入端的荧光屏上的荧光图像，通过其光阴极转换为光电子图像，然后光电子以高能量轰击荧光屏，获得亮度大为增强的图像（图 8-2）。其荧光屏的输出图像经光分配器分成三路：第一路传给 CCD 电视摄像机，输出视频图像；第二路传给单片照相机，获得单片 X 光图像照片；第三路供给电影摄影机，记录受检体 X 线透视动态图像，供会诊分析和医疗教学用。

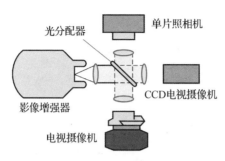

图 8-2　X 射线电视成像系统示意图

这种 X 射线电视成像系统的优点是所需的 X 光剂量大大降低；能实现隔室操作，使病人和医务人员免受过多剂量的 X 射线伤害；另外，能够集拍照、直视、电视、录像于一体，为医疗诊断、会诊、教学和数字化远程传输，提供方便。

知识链接

X 射线影像增强器

大家知道，X 射线在荧光屏上的亮度是很弱的，不适宜使用电视摄像机直接进行图像摄取。解决这一困难的途径是利用影像增强器，先将 X 射线影像转换成为可见光图像，并将其亮度提高数千倍，再进行摄像。影像增强器是由影像增强管、管容器、电源、光学系统以及支架（支持）部分组成。影像增强管是影像增强器的心脏部件，里面有输入屏（接受 X 射线辐射产生电子流）和输出屏（接受电子轰击发光），使前者增强数千倍亮度后的图像在输出屏上成像（图 8-3）。增强管是用玻璃制的真空管，从保护的目的考虑需要一个管容器，这个管容器还起着遮蔽 X 射线、屏蔽外界电磁场以及保护人体不受高压损害的作用。

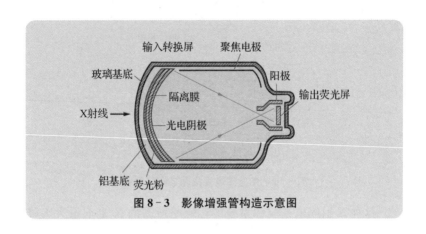

图 8-3　影像增强管构造示意图

3. 视频喉镜

我：听说用 CCD 图像传感器已成功应用于视频喉镜，咱们医院有吗？

徐医生：有，正在临床使用。气管插管是急救时的一项重要抢救措施，主要用于确保心肺暂时停止的病人呼吸道畅通，向其

图 8-4
视频喉镜外形图

输氧以防止脑细胞坏死。为了提高气管插管的成功率，减少气管损伤，就要用到视频喉镜（图 8-4）。这是一种新型的视频插管系统，其镜片前端安装一个高清晰度防雾 CCD 摄像头，并由两个发光二极管提供照明，通过光缆将图像传递到液晶显示器上。摄像头配备广角镜头，通过液晶显示器可以清晰、大范围地观察到咽喉部结构，以及导管插入声门的整个过程。由于支持视频输出，还可将手术过程的影像保存到录像机等设备上。

4. 胶囊内窥镜

　　徐医生：你做过胃镜吗？

　　我：做过光导纤维胃镜。

　　徐医生：耐受性怎样？

　　我：不大舒服，尤其是插到喉咙时，有点难过。

　　徐医生：的确，有人觉得胃镜肠镜检查太痛苦，所以想寻找一种既能看清消化道，又没什么痛苦的检查方式，事实上，医学界还真的存在这么一种检查手段，叫胶囊内窥镜或胶囊内镜。

　　胶囊内窥镜全称为智能胶囊消化道内镜系统，又称医用无线内镜。1994 年伦敦的一个研究组发布研制意向，1997 年用 CCD 技术的无线微型照相机获得第一张胃内镜图像。2000 年 4 月由以色列一家公司生产的胶囊内镜正式面世，其商品名为"杰文诊断图像系统"，其后，世界上许多国家的研究人员纷纷开始了对消化道胶囊式微型诊疗系统的研发工作，各类胶囊内镜产品纷纷亮相，而且在功能上各有所长。

　　我国在胶囊内窥镜的研究上也颇有成绩。2004 年，重庆一家公司研制成功"胶囊内窥镜"，专用于消化道的病变探查，成为中国第一家研制出胶囊内窥镜的企业。北京一家公司成功研制出 NORIKA 型胶囊内窥镜，包括微型 CCD 胶囊式相机、外部控制器、无线控制以及操作胶囊和嵌入线圈的背心。2009 年，磁控胶囊胃镜系统研制成功，这一系统在 2013 年正式进入市场，成为全球首台用于临床的磁控胶囊胃镜，实现了无创、无痛、无麻醉的胃部检查。

　　从外观上看，胶囊内镜和普通的胶囊差不多，最小的长约 15 毫米，直径不到 10 毫米。胶囊外壳由防水、抗腐蚀的特殊材料制成，很光滑，利于吞咽，而且可以防止物质在胶囊表面附着，方便获取清晰的图像。

胶囊内窥镜好比《西游记》中铁扇公主肚子里的孙悟空，它进入胃肠道后，可以直视胃肠道黏膜，从而准确诊断消化道的疾病。国产的杰文诊断图像系统由 M2A 胶囊内镜、无线接收记录仪、工作站 3 部分组成（图 8 - 5）。胶囊前端为光学区，内置广角镜头、发光二极管、CCD 图像传感器，中部为电池，尾部为发射器和天线。说得通俗一点，该系统就是一种带光源和发射天线的微型数码相机或摄像机，它在胃肠中边缓慢移动边拍照，并不断把图像信号发射出来（图 8 - 6）。

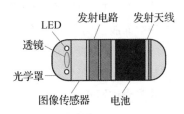

图 8 - 5　无线胶囊内窥镜的结构图

图 8 - 6　无线胶囊内窥镜的外形图

我：胶囊内窥镜的工作是什么原理？

徐医生：受检者吞下胶囊后，借助消化道的蠕动令胶囊内窥镜在消化道内移动并拍摄图像，随时把拍摄的图像传到体外的接收器上，并存贮在接收器内，胶囊内镜则自然排出体外。医生利用体外的图像记录仪和影像工作站，了解受检者的整个消化道情况，从而对其病情做出诊断（图8-7）。

图8-7 胶囊内镜在肠道内的模拟

磁控胶囊胃镜长约27毫米，直径约12毫米，质量不足5克，在第一代胶囊内窥镜的基础上，内植永久性微型磁极。与上面那种依靠消化道蠕动的胶囊不同，磁控胶囊依靠体外磁场，精确控制进入人体内的胶囊内窥镜的运动、姿态和方向，实现主动控制、精准拍摄的功能，主要用于小肠疾病的诊断，也可用于胃等消化道疾病的诊断。

胶囊内窥镜具有检查方便、无创伤、无交叉感染、扩展了消化道检查的视野等优点，其中最大优点就是没有痛苦，吃一粒胶囊下去就能检查，不需要用任何麻醉药。它克服了传统的插入式内窥镜所具有的耐受性差、不适用于年老体弱和危重病人等缺陷，可作为消化道疾病尤其是小肠疾病诊断的首选方法。这项技术最大的突破点就是对小肠疾病诊断，因为小肠的长度长，过去除了钡餐的间接诊断，无法直接看到小肠，而胶囊内镜部分解决了这一问题。

不过它也有一定的缺点，比如不能进行活检，如果在消化道内发现了病变，也不能进行治疗，但胃镜肠镜却可以。此外胶囊内镜还不能充气，而在胃肠道不充气的情况下，有些疾病是无法观察到的。

尽管如此，自 2001 年至今，胶囊内窥镜经历多年的发展越来越完善，目前已经成为重要的消化道疾病检查手段。虽说胶囊内窥镜已经被正式使用，但正是因为它是"高科技"，昂贵的成本便不可避免，少则上千的使用费用令许多人望而却步。因此，如何让更多的普通人享用到才是胶囊内窥镜未来需要努力的方向。

5. 牙科用 CCD 数字 X 线成像系统

我：（指着展板最后的图片）这是什么？

徐医生：这是一款牙科用 CCD 数字 X 线成像设备，产品由 X 线图像处理装置、CCD 传感器、AC 适配器、CCD 传感器用的一次性套子、本体架、接口电缆、受信软件组成（图 8-8）。它与牙科用的 X 射线装置配合使用，用 X 线 CCD 传感器取代传统的 X 线胶片，拍摄牙齿和牙齿周围组织，采集数字信号并送至计算机。

图 8-8　牙科用 CCD 数字 X 线成像设备

本来，对于大多数 CCD 器件来说，是不能够直接对 X 射线成像的。但是可以对 CCD 器件做特殊工艺处理，例如在成像区表面镀一层碘化铯或碘化钠荧光层，X 射线打到荧光层上，转换为可见光，即可被 CCD 所接收。

以感受可见光的 CCD 探测器为基础，利用稀土屏把 X 线信号转化为光信号，光信号通过光导纤维及光学透镜传至 CCD 探头后转化为电信号，再经数字化后成像。

这种牙科用 CCD 数字 X 线成像设备可用于对有龋齿、牙周炎、根尖周炎、牙折的患者进行拍摄和显示，它辐射低，仅为传统牙片的 $20\% \sim 50\%$ 可快速成像，高效快捷能全屏观看图像，更清晰直观能图像数字化，可对图像进行处理、分析，可以电子储存图片。

我：听徐医生一番介绍，我开阔了眼界，也非常感动。回想人民医院 80 年来勇攀科技高峰，不断引入高科技医学诊断设备，特别是我情有独钟的 CCD 和 CMOS 图像传感器在医学诊断领域中起着电子眼的作用，为提高医生诊断疾病的精确度和准确度做出贡献，我十分高兴。

第 9 章

CCD 与 遥 感

——[鹧鸪天] 遥感颂——

遥感平台凌九天， 运载高新千里眼， 俯瞰锦绣好山河， 发回数据千千万。

察风雨， 找资源， 精确拍摄人人赞， 搏击长空绘美图， 为国为民做贡献。

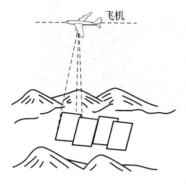

飞机

这首《遥感颂》颂的是航天遥感。提起遥感，使我想起多年前的一段往事。20多年前。我接到一项科研任务，与信息系、地理系几位老师以及电子工厂工程师、测绘局的周局长组成课题组，研制基于CCD图像传感器的遥感器。下面是课题组成员讨论时的发言。

1. 遥感的基本概念

杨老师，请您先谈谈遥感是怎么回事。

我

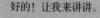

好的！让我来讲讲。

地理系杨老师

我：杨老师，您是地理系的，对遥感比较了解，请您先谈谈遥感是怎么回事。

杨老师：遥感顾名思义是"遥远的感知"，通常是指在航天或航空平台上对地球系统或其他天体进行特定电磁波谱段的成像观测，进而获取被观测对象多方面特征信息的技术。换句话说，遥感是应用探测仪器，不与探测目标相接触，从远处把目标的电磁波特性记录下来，并通过分析揭示出物体的特征性质及其变化的综合性探测技术。也可以说，遥感是雷达的概念和用途的引申和推广，用来探测远距离物体的位置、大小和性质等有关信息（图 9-1）。

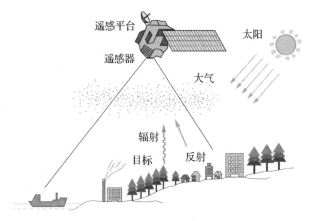

图 9 - 1　遥感示意图

遥感是 20 世纪 60 年代发展起来的对地观测综合性技术。经过半个多世纪的发展，遥感技术已进入新的阶段。遥感被广泛应用于军事、地质、水文、农业、海洋、气象等许多领域。

2. 遥感系统

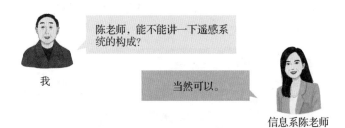

我：陈老师，您是信息系的，能不能讲一下遥感系统的构成。

陈老师：根据遥感的定义，遥感系统包括被测目标的信息特征、信息的获取、信息的传输与记录、信息的处理和信息的应用五大部分（图 9 - 2）。

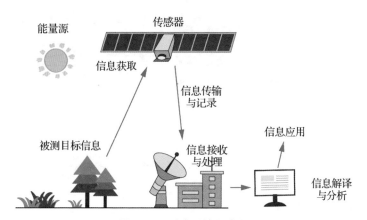

图 9-2　遥感系统组成图

被测目标的信息特征是指目标物发射、反射和吸收电磁波的特性，是遥感的信息源，也是遥感探测的依据。

信息的获取是通过接收、记录目标物电磁波特征的仪器完成的，这些仪器被称为传感器或遥感器，如扫描仪、雷达、摄影机、摄像机，辐射计等。运载传感器的平台称遥感平台，主要有地面平台（如遥感车）、空中平台（如飞机、气球、无人机等）、空间平台（如火箭、人造卫星、宇宙飞船、空间实验室、航天飞机等）三种（图 9-3）。

图 9-3　几种遥感平台

信息的传输与记录是通过遥感器接收目标地物的电磁波信息，记录在数字磁介质或胶片上。遥感信息向地面传输有两种方式，即直接回收和视频传输。直接回收是待运载工具返回地面后再传送给地面接收站；视频传输是指传感器将接收到的物体反射或发射的电磁波信息，经过光电转换，通过无线电传送到地面接收站。

信息的处理指运用光学仪器和计算机设备对所获取的遥感信息进行校正、分析和解释处理的技术过程。处理信息的目的是掌握或清除遥感原始信息的误差，梳理、归纳出被探测目标物的影像特征，然后依据特征从遥感信息中识别并提取所需的有用信息。

遥感获取信息是为了应用，各专业人员按不同的目的将遥感信息应用于各业务领域。在应用过程中，也需要进行大量的信息处理和分析，如不同遥感信息的融合及遥感与非遥感信息的复合等。

3. 遥感的类型

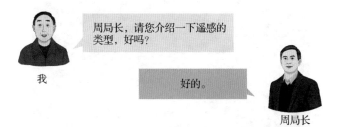

周局长，请您介绍一下遥感的类型，好吗？

我

好的。

周局长

我：周局长，您对遥感的分类比较熟悉，就请您介绍一下遥感的类型吧！

周局长：遥感的分类方法很多，主要有那么几种。

按遥感平台可分为：地面遥感，传感器设置在地面平台上，如车载、船载、手提、固定或活动高架平台等；航空遥感，传感器设置于航空器上，主要是飞机、无人机、气球等（图9-4）；航天遥感，传感器设置于航天器上，如人造地球卫星、航天飞机、空间站、火箭等（图9-5）；航宇遥感，传感器设置于星际飞船上，对地月系统外的目标进行探测。

图9-4 无人机遥感（详见第20章）

图9-5 遨游太空的航天遥感

　　按探测波段分为：紫外遥感，探测波段在 $0.05\sim0.4\ \mu m$ 之间；可见光遥感，探测波段在 $0.4\sim0.76\ \mu m$ 之间；红外遥感，探测波段在 $0.76\sim1\ 000\ \mu m$ 之间；微波遥感，探测波段在 $1\ mm\sim10\ m$ 之间；多波段遥感，指探测波段在可见光波段和红外波段范围内，再分成若干窄波段来探测目标。

　　按工作方式分为：主动遥感，主动遥感由探测器主动发射一定电磁波能量并接收目标的后向散射信号；被动遥感，遥感器不向目标发射电磁波，被动接收目标物的自身发射和对自然辐射源的反射能量。

　　按遥感资料的记录方式分为：成像遥感，传感器将所探测到的强弱不同的地物电磁波辐射（发射或反射），转换成深浅不同的色调，构成直观图像的遥感资料形式，如航空相片、卫星图像等；非成像遥感，传感器将探测到的地物电磁波辐射（发射或反射），转换成相应的模拟信号（如电压或电流信号）、数字信号，或者记录在磁带上面，构成非成像方式的遥感资料，如 CCT 数字磁带等。

 知识链接

CCT 数字磁带

　　CCT 数字磁带指计算机兼容磁带，是符合计算机工业标准的数字磁带，如记录陆地卫星多光谱扫描影像数字数据的磁带产品。记录遥感影像数据的磁带一般有 7 和 9 两种磁道。7 磁道有 6 位用于记录像元亮度值（0—63），还有一个奇偶检验位；9 磁道则是 8 位用于记录像元亮度值（0—255）。此外，各种模拟式遥感影像，如航空、航天相片以及模拟磁带，均可通过影像数字化和模—数转换成为 CCT 磁带。

遥感成像系统的特性参数有四个：第一，空间分辨率，是指遥感图像上能够详细区分的最小单元的尺寸和大小，是用来表征图像分辨地面目标细节能力的指标。时间分辨率，对同一目标进行重复探测时，相邻两次探测的时间间隔；间隔越小，时间分辨率越高。通俗的叫法是探测重复周期。光谱分辨率，指遥感器所能记录的电磁波谱中，某一特定波长的范围值；波长范围值越宽，光谱分辨率越低。辐射分辨率，表征遥感器能探测到的最小辐射（反射）功率值，归结到影像上是指影像记录灰度值的最小差值。

4. 常见遥感器

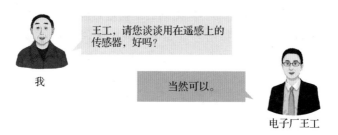

我：王工，在电子厂您是研制传感器的，请您谈谈用在遥感上的传感器，好吗？

王工：遥感传感器是获取遥感数据的关键设备，由于设计和获取数据的特点不同，传感器的种类繁多，但是任何的传感器都包含四个基本组成部分——收集器、探测器、处理器和输出器（图9-6）。

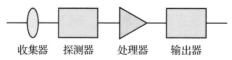

图9-6　遥感传感器的基本组成部分

收集器用来收集地物辐射来的能量。例如，透镜组、反射镜组、天线等。探测器将收集的辐射能转变成化学能或电能。例如，感光胶片、光电管、光敏和热敏探测元件、共振腔谐振器等。处理器对收集的信号进行处理。具体的处理器有两类，即摄影处理装置和电子处理装置。输出器用来输出获取的数据。例如，扫描晒像仪、阴极射线管、电视显像管等。

目前遥感中使用的传感器大体上有四种类型：第一种，摄影类型的传感器。最普通而又资格最老的遥感传感器就是摄影机，遥感用的航空摄影机的结构和工作原理跟普通摄影机差不多，它主要由摄影机主体、操作控制器和座架三部分组成（图 9 - 7）。此外，还有红外摄影、多光谱（多波段）摄影、紫外摄影和全息摄影的摄像机。

图 9 - 7　国产飞燕 UCXp-WA 数码航拍摄像机

第二种是扫描成像类型的传感器。扫描成像类型的传感器有两种扫描方式，一种称为光学机械式，如遥感用的多光谱扫描仪（MSS）、红外扫描仪；另一种为电子扫描方式，如电视摄像机、CCD 或 ICCD 成像器件。此类扫描系统一般分辨率比较高，但扫描宽幅比较小。

第三种是雷达成像类型的传感器。此类传感器利用波长0.1 mm—1 m的微波波段进行遥感。其工作原理为发射机产生脉冲信号，由转换开关控制，经天线向观测地区发射，地物反射脉冲信号也由转换开关控制进入接收机，接收到的信号在显示器上显示，或记录在磁带上（图9-8）。雷达有真实孔径侧视雷达、合成孔径雷达和相干雷达三种类型。

图9-8　激光雷达遥感示意图

这种类型的传感器可以全天工作，有一定的穿透能力，能够探测地物的微波特性，可以采用多种频率、多个视角记录目标的距离信息，同时还可以记录目标的相位信息。不过，这类传感器不能记录与颜色有关的信息，影像解释困难，遥感器系统设备复杂，价格昂贵，影像获取困难，影像变形情况复杂，几何校正复杂，技术难度高。

第四种，非图像类型的传感器，即所谓"非图像显示"的遥感传感器，其得到的是研究对象的高度、温度、浓度等方面的具体数据，而非图像。当它们与图像配合应用时，能够取长补短，进一步发挥遥感的作用。雷达散射计是一种非图像类型的传感器，它可用来探测云、雨、雪等的性质，还能观测海面的波浪、油膜等海面现象。

以上各种遥感器都有各自的特点和应用范围，它们在遥感领域里各显其能，并且可以互相补充。例如，光学航空摄影机的特点是空间几何分辨力高，解释较易，但只能在有光照的天气条件下使用，在黑夜和云雾雨天时不能使用。CCD 成像扫描仪的环境适应性强、集成度高、体积小、寿命长，但也有带状噪声干扰和扫描幅度小的缺点。微波辐射计的特点是能昼夜使用，温度分辨力高，但也常受气候条件的影响，特别是微波辐射计的空间分辨力低，更使它在应用上受到限制。侧视雷达一类有源微波遥感器是微波遥感中的佼佼者，能昼夜使用，基本上能适应各种气候条件（特别恶劣的天气除外），在国防和国民经济中都有许多重要用途。现在，各国科学家正使传感器迭代更新，相信更先进的传感器会不断产生。

5. 扫描成像类传感器

王工：您对 CCD 很有研究，您来谈谈 CCD 在遥感领域的应用。

我：扫描成像类型的传感器是逐点运行的，以时序方式获取二维图像，有两种主要的形式：一是对物面扫描的成像仪，它的特点是对地面直接扫描成像。这类仪器有红外扫描仪、多光谱扫描仪、成像光谱仪，以及多频段频谱仪等。二是对像面扫描的成像仪，它先是瞬间在像面上形成一条线的图像，或者是一幅二维影像，然后对影像进行扫描成像。这类仪器有线阵列 CCD 推扫式成像仪、电视摄像机等。

　　CCD作为成像的核心已经应用于遥感领域，由CCD构成的扫描仪称为"固体扫描仪"。固体扫描仪的设计思路是把半导体感光元件高密度地排列在一起，组成一个探测元件的"阵列"，就像一把刷子，因此这种扫描仪又有个"刷式扫描仪"的绰号。一个长约2厘米、宽约1厘米的线阵CCD器件，可排列2040甚至更多个探测元件。

　　推扫式固体扫描仪采用线列或面阵CCD作为感光元件（探测元件），这些探测元件在垂直于飞行的方向上横向排列，当飞行器向前飞行时，排列的探测元件就好像扫帚扫地一样扫出一条连续的带状轨迹，从而得到目标物的二维信息（图9-9）。

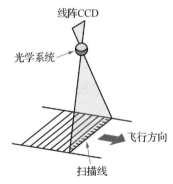

图9-9　推扫式固体扫描仪工作示意图

　　光机扫描仪是利用旋转镜扫描，一个像元一个像元地采光，而推扫式固体扫描仪是通过光学系统一次获得一条线的图像，不需要用旋转镜扫描。以推扫的方式获取沿飞行方向的连续图像条带，使用的是电子扫描。推扫式扫描仪代表了新一代遥感器的扫描方式，人造卫星上携带的推扫式扫描仪由于没有光机扫描那样的机械运动部分，所以结构可靠性更高。例如，法国SPOT卫星上的固体扫描仪采用三排线阵CCD作为图像传感器，每排有1 000个光电二极管，采用推扫方式成像，消除了扫描机构，使遥感器结构大为简化，并且由于 CCD 像元比分立元件尺寸小得多，在同样地面分辨率条件下成像物镜的焦距较短，因而缩小了遥感器的体积。从 800 公里的高空扫描地面时，地面分辨率可达 20 m×20 m。它用可见光成像，称为高分辨率可见光图像扫描仪（HRYs）。

推扫式固体扫描仪环境适应性强，集成度高、体积小、抗电磁干扰能力强，寿命长，灵敏度高，具有较高的影像分辨率，影像畸变小，容易实现数字化输出。

不过，推扫式固体扫描仪的光谱灵敏度有限，只能在可见光和近红外（1.2 μm 以内）条件下直接响应地物辐射来的电磁波。同时，此类扫描仪扫描宽幅比较小；当感光元件之间存在灵敏度差时，往往会产生噪声。

自 20 世纪 70 年代末期以来，中国遥感科学技术开始了自己的发展历程。进入 21 世纪以后，我国遥感事业得到快速发展，新成果新产品层出不穷。例如，燕山大学与西安空间无线电技术研究所、北京空间机电研究所合作，为我国“资源一号”卫星研制成功多光谱 CCD 相机，并已在轨运行，获得了大量高质量的地面多光谱图像。这种星载多光谱 CCD 相机，采用线阵 CCD 推扫方式成像，具有蓝、绿、红、近红外、全色五个成像谱段，在轨工作时地面像元分辨率为 20 m，覆盖宽度 113 km。相机光学系统采用单镜头，镜头焦距 520 mm，每个谱段的探测器阵列由 3 片线阵 CCD 组成，每片 2 048 像元，以实现地面宽覆盖成像。多片 CCD 信号采用串行读出方式，使 CCD 形成两路视频信号输出给数据传输系统。

该相机由光学系统、焦面组件和电子电路系统组成（图 9-10）。其中，光学系统包括摆镜、物镜、分色棱镜、CCD 拼接棱镜及定标装置；焦面组件主要由分色棱镜、拼接棱镜、CCD 器件、驱动电路等部分组成；电子电路系统包括时序产生、CCD 驱动电路及视频处理电路（图 9 - 11）。在外时钟和同步信号作用下，多片 CCD 按一定格式工作，CCD 输出的视频信号同时接受处理。处理后的视频信号送到数据传输系统，再传回地面（图 9 - 12）。

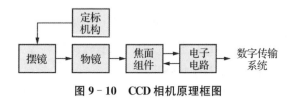

图 9 - 10　CCD 相机原理框图

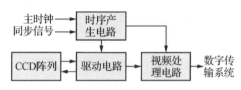

图 9 - 11　相机电子电路框图

根据地面像元分辨率、覆盖宽度、轨道高度等要求，CCD 线阵像元数应该在 6 000 以上。资源一号卫星（图 9 - 13）CCD 相机的性能与法国于 1986 年和 1990 年分别发射的 SPOT1 号和 SPOT2 号卫星携带的 CCD 相机的性能相当。

图 9 - 12　卫星 CCD 相机外形

图 9 - 13　资源一号卫星

第 10 章

黑暗中的眼睛

夜视仪颂

你是指挥官的助手，

战士们的好伙伴。

从西北到东南，

从海防到边关，

你永不疲倦的眼睛，

保卫着祖国安全。

在你的身体里，

隐藏着微光成像器件。

在漫漫黑夜里，

你警惕地把敌情察看。

敌人胆敢来侵犯，

就将它消灭在国门前。

这篇歌词是歌颂军用微光夜视仪的，关于夜视仪有下面一段往事。

军训时，在军事知识课上，讲课的张教官讲了关于夜战的知识。在讲微光夜视仪时，他提到 CCD 在微光夜视仪中的应用，引起我很大的兴趣。下面是我与张教官的对话。

1. 微光夜视

张教官，请您讲一讲什么是"微光夜视"。

我

好的。

张教官

我：张教官，请讲一讲什么是"微光夜视"。

张教官：广义上讲，"微光夜视"是在夜天光或能见度不良条件下，实现光电子图像信息之间相互转换、增强、处理、显示等过程的技术。

提起微光夜视，首先想到的是猫的眼睛。在伸手不见五指的黑夜，狡猾的老鼠却逃不过猫锐利的眼睛。猫的眼睛为什么能在黑暗中看得清眼前的一切呢？原因就在于猫眼的特殊构造。猫眼的视网膜具有圆锥细胞和圆柱细胞，圆锥细胞能感受白昼普通光的光强和颜色；圆柱细胞能感受夜间的微光，而且圆柱细胞比较多，所以它不但白天能活动，漆黑的夜里也能看见东西。还有猫眼的瞳孔能够随着光的强弱自动变小变大，光很强时，瞳孔缩成细缝；而在光线十分微弱的夜晚，瞳孔又呈圆形，能让较多的光

110

线进入眼内，使得在黑暗中能看清楚物体（图 10-1）。试问，在探索夜视技术的征程中，我们能不能从猫眼得到些启示呢？

图 10-1　白天的猫眼（左）和夜晚的猫眼（右）

　　大家都知道，在夜天环境中仍存在少量的自然光，如月光、星光等。由于它们和太阳光比起来十分微弱，所以被叫作微光。在夜间微光条件下，由于光照度不够，受到人眼睛生理条件的限制，一般是无法看到东西的。不过，除了存在微光外，还有大量的红外线。于是科学家就想到利用微光和红外线扩展人们的视力。一是设法将微光增强；二是将人们看不见的红外线转换成可见光。通过这两个途径使人们在夜间低照度条件下进行观察的技术，就叫作夜视技术，人们将它称之为"黑暗中的眼睛"。从技术角度上看，夜视技术是指应用光电探测和成像器材，将夜间肉眼不可视目标转换（或增强）成可视影像的信息，并进行采集、处理和显示的技术。用夜视技术制成的各种夜视仪器，统称为夜视器材，例如，微光夜视仪。

　　我：微光夜视仪在战争中有何用处？

　　张教官：夜视技术的发展和夜视器材的应用，给作战带来了很大的影响。比如，可以方便地进行夜间观察和侦察，还可以顺利地进行夜间驾驶和夜间的瞄准射击，指挥员可以十分隐蔽地查明敌情，有效地组织战斗。为了提高夜战的战斗能力，微光夜视仪已成为部队的常规装备。

海湾战争、科索沃战争等几场高技术局部战争，都是在夜间开始的，许多空袭轰炸也是在夜间进行的，因此夜战训练已成为各国军队训练的重点。夜战训练的主要训练目标便是抢夺制夜权。可以说，当今世界不能夜战的军队，注定是要失败的。

我：什么是夜视？

张教官：夜视是指在夜间利用夜黑条件隐蔽自己，同时又通过微光夜视器材，巧妙地去探察敌人，进而去打击敌人。

我讲一个夜战的故事，在一个伸手不见五指的黑夜里，一小股武装敌人正准备偷越我边境，他们巧妙地伪装起来，悄悄地匍匐着向我方边境靠近。他们以为夜黑风高，我方哨兵不会察觉。哪知道我边防战士已配备了"人造猫眼"——微光夜视仪。我方用微光夜视仪扫视前方，已发现了敌情。我边防战士一面严密监视敌人行动，一面迅速迂回包抄，等敌人全部到了我境内并进行集结时，我边防战士如神兵天降，从四面八方包围了敌人，敌人只得乖乖放下武器，全都成了俘虏。在这场兵不血刃的战斗中，微光夜视仪在关键时刻起了很大作用。

图 10 - 2　解放军进行夜战训练

从这个故事可以看出，微光夜视仪是观察肉眼看不见的景物的助视利器。微光夜视仪能将夜幕下的目标和场景亮度提高 10 万倍。是低照度条件下观察 800—1 000 m 范围内目标的最有效助视工具。在星光下它能发现 1 000 m 以内的人员，4 000 m 以内能发现坦克，8 000—12 000 m 范围发现无亮光的船。有效视距 800—1 500 m 的微光夜视仪有助于增强部队夜间作战能力和生存能力。

我： 微光夜视仪有哪些类型？

张教官： 军用微光夜视仪主要有三大类：驾驶用夜视镜，要求夜视镜能形成直观的景物图像，且整机轻便，佩戴舒适，如夜视眼镜、夜视头盔（图 10 - 3—图 10 - 4）；轻武器夜间瞄准镜，要求其重量轻，成像倍率达到 3—7 倍，视距 1 000 m 以上，如轻型瞄准镜（图 10 - 5）；远距离观察镜，要求其成像倍率大，视距能延伸到 5 000—6 000 m，如远距离夜视仪（图 10 - 6）。

图 10 - 3　微光夜视眼镜外形图

图 10 - 4　夜视头盔

图 10 - 5　配用微光瞄准镜的 95 式步枪

图 10 - 6　远距离夜视仪

三种应用最广的微光夜视器材分别是微光夜视仪（像增强器）、微光电视摄像管和微光 CCD 摄像器。传统的微光像增强器件是电真空类型的微光像增强器（增像管），微光夜视仪实质上是内装像增强管的望远镜。微光 CCD 摄像器件则是新一代微光像增强器件。

无论哪种微光夜视仪器，都分别采用光学和电子技术实现亮度增强，仪器含有集光成像和波长转换与亮度增强两大核心部件，前者物镜收集目标所反射的夜天微光，在像增强器件的阴极面形成目标的像，由物镜和目镜组成视角放大系统；后者像增强器件具有图像亮度增强和波长转换双重功能。

增像管是一种电真空直接成像器件，一般由光阴极、电子光学系统和荧光屏等组成。光阴极由砷化镓材料制造，当物镜将微光图像投射到光阴极上时，阴极面内侧的光电发射材料发出电子，于是光电阴极把输入到它上面的微弱光辐射图像转换为电子图像。电子光学系统将电子图像传递到荧光屏，在传递过程中增强电子能量，荧光屏完成电光转换，即将电子图像转换为可见光图像，这是光—电—光的两次转换过程。图像的亮度在增像管被增强很多，在夜间或低照度下就可以直接进行观察。

自 20 世纪 60 年代以来，增像管经历了四次技术创新，相应的增像管被称为一代、二代、三代和四代管。第三代增像管的光谱响应频段宽，分辨力和系统的视距都比第二代有明显提高。但第三代微光夜视仪工艺复杂，造价昂贵。

2. 微光 CCD 摄像器件

我：请再谈谈微光 CCD 摄像器件。

张教官：由于 CCD 阵列各像元的暗电流较大（一般为 10 nA），加之均匀性较差，通常不宜直接用于微光摄像。然而，对 CCD 器件采取一定的技术措施，就可以用于微光夜视了。常用的措施包括制冷、图像增强、电子轰击增强和体内沟道传输等。CCD 用于探测可见光时具有量子效率高、动态范围大、成像畸变小、可以高帧频输出等独特优点。

对 CCD 制冷可以明显降低其内部的噪声，从而使之适于在微光条件下使用。例如，将 800 × 800 元面阵 CCD 冷却至 −100 ℃ 时，每个像素的读出噪声约为 15 个电子，这就可以在低照度条件下摄像了。

利用微光像增强器的图像增强功能，将微光像增强管耦合到电荷耦合器件（CCD）上，即构成微光图像增强 CCD（ICCD）。ICCD 的灵敏度达到 10^{-4} lx 以下。

微光 ICCD 将来自目标的微弱光线经物镜聚集在像增强器的光电阴极上，光电阴极将光学图像转换成电子图像，微通道板将光电子增强，增强的电子图像聚焦在荧光屏上，荧光屏把增强的电子图像转换成可见光图像，经过增强的可见光图像经耦合光纤传输到 CCD 上（图 10 - 7）。

实现 ICCD 的一种途径是将像增强管荧光屏上产生的可见光图像通过光纤光锥直接耦合到普通 CCD 芯片上（图 10 - 7），或者把像增强管利用光学成像系统（如透镜）和 CCD 耦合起来（图 10 - 8）。此外还有其他耦合方式。

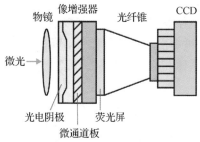

图 10 - 7　ICCD 的基本结构示意图

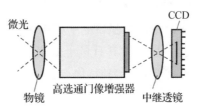

图 10‑8　像增强管利用透镜和 CCD 耦合

像增强器内光子—电子的多次转换过程使图像质量受到损失，光锥中光纤光栅干涉波纹、折断和耦合损失，都将使 ICCD 输出噪声增加，对比度下降及动态范围减小，影响成像质量。ICCD 中所用的像增强器可以是一代、二代或三代器件（图 10‑9）。

图 10‑9　ICCD 图像增强器外形

电子轰击增强 CCD（EBCCD）以 CCD 面阵取代像增强器的荧光屏，接受加速电子的轰击，达到"增强"的目的。电子轰击增强 CCD 采用电子从"光阴极"直接射入 CCD 基体的成像方法，简化了光子被多次转换的过程，信噪比大大提高。电子轰击型 CCD 的优点是体积小、重量轻、可靠性高、分辨率高及对比度好。

EBCCD 的一种方案是用砷化镓光阴极探测景物微光，用 CCD 接收光阴极发射的光电子，产生视频电信号，是现阶段在 10^{-6} lx 微光条件下性能最优的微光成像探测器（图 10‑10）。

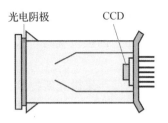

图 10 - 10　EBCCD 摄像管示意图

3. 微光夜视仪的应用

我：微光夜视仪有哪些应用呢？

张教官：这个问题提得好，我正要讲这个话题。

最初微光夜视仪器多应用于军事，成为侦察监视系统及武器火控系统、制导系统的"眼睛"，诸如微光观察、瞄准、测距、跟踪、制导和告警等都会用到它（图 10 - 11）。

图 10 - 11　微光夜视仪所见图像

此外微光夜视仪器还可用于天文、遥感、交通、地质、海洋、公安、保安、医疗、生物等领域。在公安、边防战线，带像增强管的摄像、照相设备是监视犯罪分子和隐蔽取证的有效工具。微光夜视仪器还可用于内窥镜观测、水下考察和核物理实验观测等方面。

话又说回来,尽管这些年来微光新技术、新器件和新系统的创新研发取得累累硕果,但是现有夜视器材的使用效果还未达到令人满意的水准。金无足赤,人无完人,夜视器材还存在很多技术上的局限性。各种夜视器材作用距离与观察效果,都受地形、地物和气象条件的影响;有的装置能耗高、太笨重、太昂贵。微光夜视仪至今仍达不到在月黑夜"看远"和"看清"的要求。人们寄希望于 21 世纪微光夜视器材有新的进步,克服缺点,更加完善。

第 11 章

条形码识读器

条形码颂

神奇二维条形码，

方块图形密麻麻，

光电设备扫一扫，

内含信息全觉察。

条码用途宽又广，

实现管理自动化，

手机上网和支付，

生活方便你我他。

二维条形码

这首打油诗，颂的是当前流行的条形码。

现代，任何人对条形码都不陌生，它已经渗透到我们生活的方方面面。在参观条形码识读器生产厂家时，我与李师傅有一次交谈。

无事不登三宝殿，不好意思，想请教您几个问题。

我

您说吧！什么问题？

李师傅

我：李师傅，您是条形码方面的专家，能不能谈谈条形码的发展历程？

李师傅：条形码是由美国的诺曼·伍德兰（N. J. Woodland）和伯纳德·西尔弗（B. Silver）在 1949 年首先提出专利申请的。近年来，随着计算机应用的普及，条形码的应用得到很大发展。条形码扫描技术由于其快速、准确、成本低、可靠性高等优点，受到了越来越多的人的青睐，被广泛地应用在商业、管理、仓储、邮电、交通和工业生产过程控制等领域。

众所周知，条形码分为一维条形码和二维条形码。它们像哥儿俩，"哥哥"一维条形码是通常所说的传统条形码，是一个接一个的"条"和"空"排列组成的，条形码信息由条和空的不同宽度和位置来传递（图 11 - 1）。信息量大小是由条形码的宽度来决定的，条形码越宽，包容的条和空越多，信息量越大。所以说，条形码是一种信息代码，不同的码制和条形码符号的构成规则不同。目前较常用的码制有 EAN 条形码、UPC条形码等。

"弟弟"二维条形码（二维码）是在水平和垂直方向的二维平面上存储信息的代码标记，可通过图像输入设备或光电扫描设备自动识读以实现信息自动处理（图 11-2）。二维码具有条码技术的一些共性，比如每种码制有其特定的字符集；每个字符占有一定的宽度；具有一定的校验功能；具有对不同行的信息自动识别的功能。二维码是一个近几年来在移动设备上流行的编码方式，它比传统的一维条形码能存储更多的信息，也能表示更多的数据类型。通常我们所看到的条形码都是黑色的，但也可以是彩色的，后者具有更大的编码空间。

图 11-1　一维条形码

图 11-2　二维条形码

二维码在编制上巧妙地利用了计算机内部逻辑运算的"0"和"1"的概念。在编码中，一个"0"对应的就是一个白色小方块，一个"1"对应的就是一个黑色小方块，把这些小方块按照 8 个一组填进大方块里，就成为一个完整的二维码图案了。所有二维码角上都有三个相同的方块，是用来给识读器定位的，不管正着扫、倒着扫还是斜着扫，扫出来的结果都是一样的。

其实，条形码技术最早可追溯到 20 世纪 20 年代，当时美国西屋电气的发明家约翰·科芒德（J. Kermode）为了实现对邮政单据的自动分拣，发明了一种用条码对单据做标记的机制（一个条表示数字"1"，两个条表示数字"2"，称为模块比较法）以及相应的译码器。但是科芒德发明的这种制式包含的信息量极低，不久后他的合作者道格拉斯·杨（D. Young）在"科芒德码"的基础上做了些改进，利用黑条之间空隙的尺寸变化来编码数据。

直到 1949 年，诺曼·伍德兰和伯纳德·西尔弗提出了专利申请，才有了投入实际应用的先例。诺曼·伍德兰和伯纳德·西尔弗的想法是利用科芒德和杨的垂直的"条"和"空"，并使之弯曲成环状，形成一个非常像射箭靶子的符号图（图11-3）。这样扫描器通过扫描图形的中心，就能够对条形码符号解码，不用管条形码符号的方向。靶心状符号图又被称为"牛眼式条纹"。

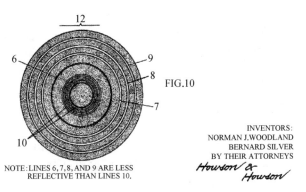

图 11-3　靶心状符号图

二维条形码具有储存量大、保密性高、追踪性高、抗损性强、成本便宜等特性，这些特性特别适用于表单、安全保密、追踪、证照、存货盘点等方面（图11-4）。

我：李师傅，条形码怎么识别的？

图 11‑4　二维条形码使用

　　李师傅：在超级市场里，常常看到收银员将商品外包装上的条形码放在条形码识读器上轻轻划过，电脑显示屏上就会立刻出现该商品的名称、单价等信息。这实际上是计算机联机系统通过条形码识读器读入条形码数据，然后将结果显示出来的过程。

　　实际上，条形码的识别主要由条形码扫描和译码两部分完成。条形码扫描是利用光束扫读条形码符号，将反射光信号转换为电信号，这部分功能由扫描器完成。译码是将扫描器获得的电信号按一定的规则翻译成相应的数据代码，然后输入计算机，这个过程由译码器完成。

　　我：李师傅，请解释一下条形码各构成部分的含义。

　　李师傅：先举例说明一维条形码。例如，EAN-13 商品条形码基本结构是用特殊的图形来表示数字、字母信息和某些符号，以供条形码识读器识读。供人工识读的字符代码是一组字串，一般包括 0—9 十个阿拉伯数字、26 个英文字母以及一些特殊的符号，在条形码符号的下方。

　　EAN-13 条形码由左侧空白区、起始符、左侧数据符、中间分隔符、右侧数据符、校验符、终止符、右侧空白区及供人识别的字符组成（图 11‑5—图 11‑6）。

图 11‑5　EAN-13 商品条形码基本结构

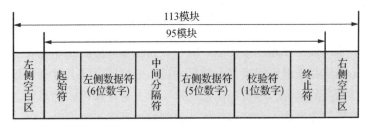

图 11‑6　EAN-13 商品条码符号构成示意图

条形码符号是指由空白区和一组条形码字符组合起来的图形，用以表示一个完整数据的符号。条形码元素是指用以表示条形码的条和空，简称为元素。条和空分别是条形码符号中反射率较低和较高的元素。条形码字符是表示一个数字、字母及特殊符号的一组条形码元素。位空是在条形码符号中，位于两个相邻的条形码字符之间且不代表任何信息的空。空白区是条形码左右外侧与空的反射率相同的限定区域。起始符是位于条形码起始位置的若干条与空。终止符是位于条形码终止位置的若干条与空。校验符是在条形码符号中，表示校验码的条形码字符。

下面再说二维条形码的构成。二维条形码的基本结构包含很多信息，其中位置探测图形、位置探测图形分隔符、定位图形用于对二维码的定位；当二维码的规格确定，校正图形的数量和位置也就确定了；格式信息用来表示二维码的纠错级别，分为 L、

M、Q、H；版本信息即二维码的规格，每一版本符号比前一版本每边增加 4 个模块；数据和纠错码字用于修正二维码损坏带来的错误（图 11 - 7）。

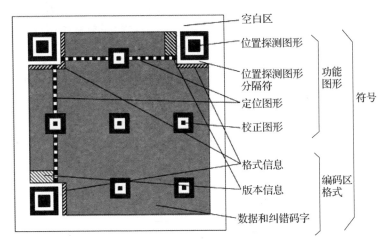

图 11 - 7　二维条形码基本结构示意图

　　我：李师傅，正所谓"三句话不离本行"，我是研究光电子成像器件应用的，想知道 CCD/CMOS 感光元件在条形码阅读器里的应用，我比较感兴趣的是光电扫描器的结构及功能。

　　李师傅：条形码识读设备包括光电扫描器和译码器，两者既可以是独立的，也可以是一体的。

　　光电扫描器在条形码技术中是一个主要的硬件设备，条形码数据的自动采集、光电信号的转换都是由光电扫描器来完成的。光电扫描器的种类繁多，但它们的工作原理基本相同，都是利用光学系统获取条形码符号，由光电转换器将光信号转换成电信号，并通过电路系统对电信号进行放大和整形，最后以二进制脉冲信号输出给译码器。为了实现对条形码符号的自动扫描，有些光电扫描器还设计了光束自动扫描运动机构。

译码器实际上是一个专用的单片机系统，它将光电扫描器扫描条形码符号所输出的脉冲数字信号解释成条形码符号所表示的数据，并传输给计算机。

光电扫描器通常自身带有光源（通常以发光二极管为光源），它是由光学系统和电路系统组成的。光学系统的主要作用是在扫描器扫描时获取瞬间光信号，电路系统的主要作用是将光学系统获取的光信号转换成电信号，然后进行放大和整形，并输出给译码器。

光学系统主要由光源、透镜和光阑等元器件组成。电路系统主要由光电转换器、放大器、整形电路和接口电路组成（图11-8）。

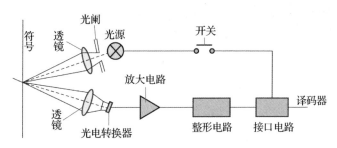

图11-8　光电扫描器结构图

光电扫描器对条形码符号的扫描有两种方式，一种是手动扫描，另一种是自动扫描。手动扫描比较简单，手持扫描器在条形码符号上相对移动，就完成了扫描过程。自动扫描比较复杂，方法有多种，但经常见的有两种：第一种是选择自动扫描的光电转换器，如CCD扫描元件；第二种是在光电扫描器中增加扫描光束运动机构，如旋转棱镜等。

当扫描器对条形码符号进行扫描时，由扫描器光源发出的光通过光学系统照射到条形码符号上，条形码符号反射的光经光学系统成像在光电转换器上，光电转换器接收光信号后，产生一个与扫描点处反射光强度成正比的电信号。这个电信号经过电流－电压转换电路、放大电路，得到一个与扫描光点处的反射率成正比的模拟电压信号（图11-8）。模拟电压信号通过整形电路转换成矩形波（图11-9）。矩形波信号是二进制脉冲信号，再输出给译码器，由译码器将二进制脉冲信号解释成计算机可以直接采集的数字信号。

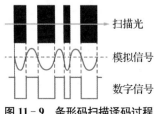

扫描光
模拟信号
数字信号

图11-9　条形码扫描译码过程

我：听说你们厂是生产光电扫描器的，请您介绍一下光电扫描器的类型和结构。

李师傅：光电扫描器的种类繁多，主要有激光式、CCD式、光笔、数据采集器等（图11-10）。

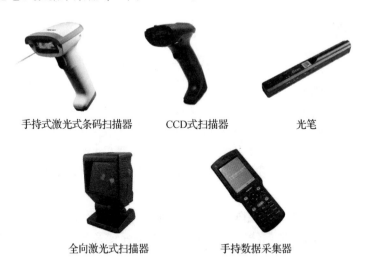

手持式激光式条码扫描器　　CCD式扫描器　　光笔

全向激光式扫描器　　手持数据采集器

图11-10　常用的条形码识读设备

依工作方式的不同，光电扫描器可分为手持固定光束接触式、手持固定光束非接触式、手持移动光束式、固定安装固定光束式、固定安装移动光束式。

激光式和 CCD 式光电扫描器都不需要在条形码垂直方向上做相对运动，只要将条形码靠近阅读器，不必接触，就能可靠地读出条形码信息。

对激光式扫描器暂且不表，只谈谈 CCD 式扫描器。

CCD 式扫描器属于图像传感器式，这种扫描器采用了 CCD 感光元件，也叫 CCD 图像传感器。它可以代替移动光束的扫描运动机构，不需要增加任何运动机构，便可以实现对条形码符号的自动扫描。

CCD 式扫描器使用一个或多个发光二极管作光源，发出的光线能够覆盖整个条码。当光线被反射，条码的图像被传到 CCD 感光元件上，CCD 进行光电转换，产生模拟电压信号，然后通过译码器将之解释为计算机可以直接接受的数字信号，由软件辨识出条码符号，完成扫描。

CCD 式扫描器通常有两种类型：一种是手持式 CCD 式扫描器（图 11 - 11）；一种是固定式 CCD 式扫描器（图 11 - 12）。这两种扫描器均属于非接触式，其扫描机理和主要元器件完全相同，只是形状和操作方式不同。扫描景深和操作距离取决于照射光源的强度和成像镜头的焦距。

图 11 - 11　手持式CCD 式扫描器

CCD 器件分成线阵和面阵的。用于扫描条形码符号的 CCD 式扫描器通常选用线阵 CCD，而用于平面图像扫描的通常选用面阵 CCD。

CCD 式扫描器操作非常方便，只要在有效景深的范围内，光源照射到条形码符号，便可自动完成扫描。对于不易接触的物品，如表面不平的物品、软质物品、贵重物品、易损伤的物品等，均能方便地进行识读。CCD 式扫描器无任何机械运动部件，

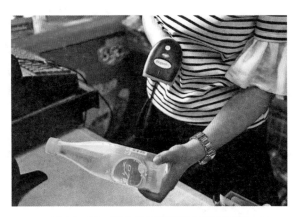

图 11‑12　营业员使用光电扫描器扫码

因此性能可靠，使用寿命较长；可内设译码电路，将扫描器和译码器制成一体。与激光式条形码扫描器相比，具有耗电省、可用电池供电、体积小、便于携带、价格便宜等优点。

 知识链接

分辨率和景深

　　分辨率：对于条形码扫描系统而言，分辨率为正确检测读入的最窄条幅的宽度。条形码扫描系统的分辨率要从三个方面来确定：光学部分、硬件部分和软件部分。也就是说，条码扫描器的分辨率是综合了其光学部件的分辨率以及通过硬件及软件进行处理分析所得到的分辨率。

　　CCD 扫描器的光学分辨率是指条码扫描器 CCD 器件的物理分辨率，也是条码扫描器的真实分辨率。

　　景深：在确保可靠阅读的前提下，扫描头允许离开条形码表面的最远距离与扫描器可以接近条形码表面的最近距离之差，也就是条形码扫描器的有效工作范围。

　　CCD 式扫描器的不足之处是识读条形码符号的长度受扫描器的 CCD 元件尺寸限制，不如采用激光器作光源的扫描器长。信息很长或密度很低的条码很容易超出扫描头的识读范围，导致条码不可读。在 CCD 器件中，光电二极管阵列的排列密度和长度将决定 CCD 式扫描器的分辨率和能扫描的条形码符号的长度。

　　条形码技术是 20 世纪中叶发展起来的高新技术，条形码识读是将数据进行自动采集并输入计算机的重要方法和手段，解决了计算机数据采集的"瓶颈"，实现了信息的快速、准确获取与传输。该项技术现已广泛应用于各个领域，与国民经济和人民日常生活息息相关。

第 12 章
CCD 在 物 理 实 验 中 的 应 用

——苦亦乐——

键盘铿锵屏闪烁，

实验室里不寂寞。

科学登攀勤为径，

探求真理苦亦乐。

20世纪90年代，我在高校从事大学物理实验的教学工作，许多实验是用显微镜目测。学生长时间看显微镜，眼睛疲劳、酸痛。有一天我忽然萌生一个想法：将光电成像器件用在这些实验上，由看显微镜改为看显示器的屏幕，不就减轻视觉疲劳了吗！我向实验员说了我的想法，他很支持，愿意帮助一试。我们先从改进"密立根油滴实验"着手。

1. 改进油滴仪

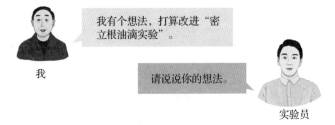

我有个想法，打算改进"密立根油滴实验"。

我

请说说你的想法。

实验员

实验员： 请您先讲讲密立根油滴实验的来龙去脉。

我： 密立根油滴实验是用来测量电子电荷的，是理工科的传统实验，也是一个经典实验，相信很多同学都做过。因为美国物理学家密立根（R. A. Millikan）最先做这个实验，故后人常将之称作"密立根油滴实验"（图 12 - 1）。20世纪80年代，为方便院校开设这个实验，我国有几个厂家生产成品密立根油滴仪。也就是在油滴室内喷油雾，加上电场后，用显微镜观察油滴的运动（图 12 - 2）。

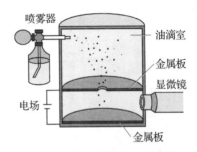

图 12-1　密立根像　　　　图 12-2　密立根油滴实验示意图

 知识链接

密立根生平

罗伯特·安德鲁·密立根（1868—1953），美国物理学家。1868 年 3 月 22 日生于伊利诺伊州的莫里森，出身贫寒。1887 年入奥伯森大学，读完二年级时，被聘任为初等物理班的教员，他很喜爱这个工作，从此便致力于物理学。1891 年他大学毕业后，继续担任初等物理班的讲课；1893 年取得硕士学位，同年得到哥伦比亚大学物理系攻读博士学位的奖金。

1896—1921 年曾先后在芝加哥大学担任物理学的助理教授、副教授和教授。1921 年应聘到加州理工学院担任物理实验室主任并主持学院行政委员会的工作，一直工作到 20 世纪 40 年代（图 12-3）。

密立根在科学的许多领域有突出的贡献，主要包括电子、光学、原子与分子物理学领域；1907—1917 年曾以油滴实验精确地测定电子电荷，从而确定了电荷的不连续性（图 12-4）；1912—1915 年曾验证了爱因斯坦的光电效应公式是正确的，并测定了普朗克常数；另外他在宇宙射线方面也做了一些工作。

图 12 - 3　密立根在工作室　　图 12 - 4　密立根使用的油滴仪（复制品）

实验员：我们怎样把 CCD 光电子成像器件用到油滴实验上呢？

我：我们把买来的 CCD 摄像头用在油滴仪上，首先给摄像头装上镜头，然后把摄像头装在支架上，用铝接口将摄像头与油滴仪的显微镜连接，接好电源，开启监视器，观测油滴图像。

试验开始进行，刚刚喷油进去，立即在监视器屏幕看到不少油滴的图像（图 12 - 4），像漫天雪花，又似夜空的繁星。加上电场以后，油滴上下运动，犹如节日里燃放的礼花，美妙极了，我们试验成功了。从此 CCD 摄像头又有了新的应用，那就是用在实验教学仪器上。

我满怀激动，即兴仿儿歌《小小螺丝帽》作了一首打油诗，题名《小小油滴歌》：

看见了，看见了，看见了，钟油滴，虽然小，密立根实验不

图 12‑5　监视器屏幕显示的油滴图像

可少。用眼睛，瞧又瞧，疲劳酸痛受不了。如今用上摄像头，把它显示屏幕上。嘿！清晰悦目，我们拍手笑。

　　我们配置的这套设备实际上是一种简单光电成像系统（图12‑6）。

　　后来，有的教学仪器厂依照我们的方案生产了 CCD 成像密立根油滴仪(图 12‑7)，行销全国高校，方便学生做实验。

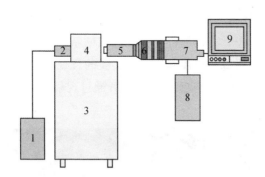

1—照明灯电源；2—照明灯；3—油滴仪；4—油滴盒；
5—显微镜；6—镜头接口；7—摄像头；8—摄像头电源；9—监视器

图 12‑6　油滴仪 CCD 成像系统方框图

图 12 - 7 　CCD 成像密立根油滴仪

2. 微机塞曼效应实验仪

　　实验员：您又要改进塞曼效应实验仪，请说说您的想法。

　　我：塞曼效应是指处于磁场中的发光体光谱线发生分裂的现象，是 1896 年由荷兰物理学家塞曼（P. Zeeman）发现的。过去实验上观察塞曼效应是通过法布里-珀罗干涉仪形成干涉图样（图 12 - 8），再利用移测显微镜观察和测量。旧式塞曼效应实验装置有些缺点，一是眼睛看显微镜很吃力，时间长了眼睛会酸痛、模糊；二是作为光源的汞灯发的光中有紫外线，目视会对观察者眼睛造成伤害（图 12 - 9）。出于对学生的爱护，我决定用 CCD 摄像机对这个实验进行一些改进和创新。改进的目的和要求是采用 CCD 摄像头取代塞曼效应实验的目视部分，通过 CCD 将干涉条纹视频实时传输到计算机中，通过观察显示器上的干涉条纹图像来调节干涉仪。

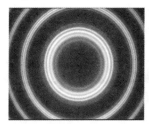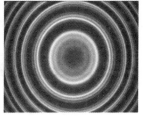

图 12 - 8 　塞曼效应干涉图样的 π 成分和 σ 成分

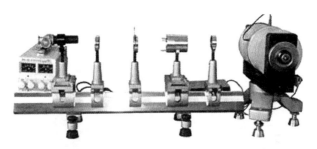

图 12－9　旧式塞曼效应实验装置

 知识链接

塞曼效应

塞曼效应是物理学史上一个著名的实验。荷兰物理学家塞曼（图 12-10）在 1896 年发现，把产生光谱的光源置于足够强的磁场中，磁场作用于发光体使光谱发生变化，一条谱线会分裂成几条偏振的谱线，这种现象称为塞曼效应。

塞曼效应是继法拉第效应之后发现的又一个磁光效应。这个现象的发现是对光的电磁理论的有力支持，证实了原子具有磁矩和空间取向量子化，使人们对物质光谱、原子、分子结构有了更多了解，特别是由于及时得到 H. A. 洛伦兹（图 12-11）的理论解释，更受人们的重视，被誉为继 X 射线之后物理学最重要的发现之一。

1902 年，塞曼与洛伦兹因塞曼效应而共同获得了诺贝尔物理学奖，以表彰他们研究磁场对光的效应所做的特殊贡献。

图 12-10　彼得·塞曼（青年）　　图 12-11　H. A. 洛仑兹

🌀 知识链接

塞 曼

　　彼得·塞曼（1865—1943），荷兰物理学家，1885 年进入莱顿大学，在亨德里克·洛伦兹（H. A. Lorentz）和海克·卡末林·昂内斯（H. K. Onnes）的指导下学习物理学，并当过洛伦兹的助教。受洛伦兹的影响，塞曼对他的电磁理论十分熟悉，并且实验技术精湛。

　　1892 年塞曼因为仔细测量了克尔效应而获金质奖章。1893 年取得博士学位，后任职于阿姆斯特丹大学。1896 年塞曼发现了原子光谱在磁场中的分裂现象，被命名为塞曼效应。随后洛伦兹在理论上对这种现象进行了解释。也因此，他与洛伦兹分享了 1902 年的诺贝尔物理学奖。

知识链接

法布里-珀罗干涉仪

法布里-珀罗干涉仪（Fabry-Perot Interferometer）简称 F-P 干涉仪，是利用多光束干涉原理（图 12-12）设计的一种干涉仪。它由两块平行的玻璃板组成，两块玻璃板相对的内表面都具有高反射率。其特点是能够获得十分细锐的干涉条纹，因此一直是长度计量和研究光谱超精细结构的有效工具。

在光谱学中，法布里-珀罗干涉仪可以使光谱仪的分辨能力得到显著提升，从而可以分辨出波长差极细微的光谱线，例如塞曼效应。

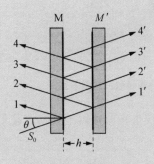

图 12-12　多光束干涉原理示意图

图 12-13　法布里-珀罗干涉仪实物图

实验员：我们怎么做呢？

我：与用 CCD 摄像头改进密立根油滴实验的方法类似，我们把彩色 CCD 摄像头装上镜头，连接在显微镜的目镜上，再用电缆把摄像机的输出端接到监视器上，在屏幕上观测干涉图像。

实验员照我说的做了。实验开始,屏幕上出现了干涉圆环,只是图像上噪声斑点比较多,干涉圆环与背景的对比度较差,观看效果不够理想。我经过观察,发现噪声来源于杂散光,要避免杂散光的干扰,就要在光路中用黑纸将其遮挡(屏蔽)起来,我找来黑纸做成纸筒,放在法布里-珀罗干涉仪的前后,对比度变好了,图像清晰了。然而用纸筒总不是长久之计,于是我请仪器厂做了铝合金圆筒,并且内外均为黑色,用光具座架在光路中,既便于调节,又牢靠。用 CCD 摄像的塞曼效应实验装置做成功了(图 12 - 14)。

图 12 - 14 用 CCD 摄像的塞曼效应实验装置

实验员:我们改进到这一步,仅仅在监视器上观察,我们还没用上电脑呀!

我:是呀,我们还要用电脑做实验。可是,现有的 CCD 摄像机还是模拟的,没有数字化,也就是说,CCD 输出的是视频模拟信号,而电脑只能接受数字信号,要用上电脑,就要先进行模/数转换,把模拟信号变成数字信号,输给电脑。

此时,我想起了图像采集卡有这种功能,于是装上图像采集卡,经过一番调试,成功了。如果有了数字化 CCD 摄像机,就不用那样复杂了:摄像机输出后可以直接在电脑上显示图像。事实上,我们组成了一种 CCD 图像实时采集系统(图 12 - 15—图 12 - 16)。

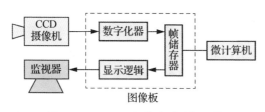

图 12‑15　CCD 图像实时采集系统

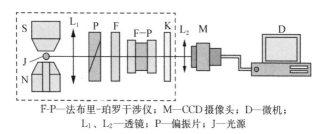

F-P—法布里-珀罗干涉仪；M—CCD摄像头；D—微机；
L₁、L₂—透镜；P—偏振片；J—光源

图 12‑16　微机塞曼效应实验仪方框图

实验员：我们能不能再进一步，实现干涉圆环自动测量与计算？

我：你这个想法很好，的确，仅在电脑上显示图像是不够的，要发挥电脑处理和计算的强大功能，实现自动测量和计算，为此我们就要编制"塞曼效应分析和处理软件"，可以采用三点作一圆的算法，拟合成干涉圆环。

我们从编写源程序开始。编程序是个又吃力又细致的活，编好软件，还要调试，需要很长时间，有时工作起来，甚至夜以继日，废寝忘食。程序编好后，试运行成功，微机塞曼效应实验仪终于做成了。

实验员：我们这项技术可以推广吗？

我：当然可以。能用 CCD 观测系统改进实验的项目还有很

多，例如，杨氏模量测定实验、布朗运动实验、光谱分析、分光
计的调节、迈克尔逊干涉仪测波长、牛顿环干涉等许多实验。使
用 CCD 摄像头，可以十分方便地显示望远镜、显微镜、测微目
镜等助视仪器视场里所见的图像。经过广大实验教师的努力，这
些都会逐步实现。

第 13 章
线阵 CCD 用于光谱探测

——彩虹（佚名）——

雨后彩虹挂在空，

七种颜色各不同。

赤橙黄绿青蓝紫，

交相闪耀映苍穹。

　　这首小诗是描写彩虹的。彩虹是大自然的杰作，在广袤的碧蓝天空，展示了气势恢宏的可见光谱。有一天，我和物理系的彭老师聊起光谱的测量。彭老师对线阵 CCD 很熟悉，曾用线阵 CCD 成功研制光谱仪。

彭老师，请您谈谈光谱和光谱的测量。

我

好的。

彭老师

　　我：彭老师，听说光谱最初是牛顿发现的？

　　彭老师：说起光谱，首先想到的是英国科学家牛顿（I. Newton）他用三棱镜把光线分解成光谱，揭开了彩虹的奥秘。然而，那个时代，牛顿因这项发现反而受到一部分人的鄙夷和责备，杰出的英国诗人约翰·济慈（J. Keats, 1795—1821）就是其中一个。济慈认为牛顿完全破坏了彩虹的诗意，这让他诗人的兴致全无。后来，英国皇家科学院院士、演化生物学家克林顿·理查德·道金斯（C. R. Dawkins, 1941—）为了"拨乱反正"，写下了《解析彩虹》一书。在书中他解析了彩虹的诗意，认为科学与美并不对立，调和了科技与文学的这种矛盾。牛顿解析彩虹，由此建立的光谱学成为我们理解光的一把钥匙。这是关于光谱的一段插曲。

我：彭老师，下面请您介绍线阵 CCD 在光谱分析实验仪器中的应用。

彭老师：我们知道，和面阵 CCD 大多用于观察图像不同，线阵 CCD 是一维感光元件，多用于检测。CCD 器件具有体积小、重量轻、抗振性能强、功耗低等一系列优点，而且在很宽的光谱响应区间具有卓越的光电响应量子效率，因而成为光谱分析仪器的理想探测器件。尤其它可以进行长时间的"电荷积累"，使光电探测灵敏度可与传统的光电倍增管相比拟。并且由于它能够同时探测多条谱线，逐渐地取代了光电倍增管在光谱探测领域的霸主地位，成为现代光谱探测领域具有很强生命力的探测器件。可用于光谱探测的线阵 CCD 光电传感器有 TCD1200（像敏单元数 2160）、RI2048DKQ（像敏单元数 2 048，有石英玻璃窗）、RI2048SBQ（像敏单元数 1024，光谱探测专用）等。

用于光谱探测的 CCD 器件首先应满足光谱响应范围的要求，而且其灵敏度应满足最弱光谱探测的需要，动态范围要能够满足整个探测谱段的要求。

我们实验室的国产多功能组合式光栅光谱仪由光栅单色仪、接收单元、扫描系统、电子放大器、A/D（模数转换）采集单元和计算机组成；仪器有两个出射狭缝，分别装有光电倍增管和 CCD 探测器（图 13 - 1）。

图 13 - 1　光栅光谱仪主机外形图

线阵 CCD 光电传感器的作用是将谱线能量转换为信号电荷存储并转移出来，经 A/D 数据采集与计算机接口卡将谱线强度信息送入计算机内存，在计算机软件的支持下对所采集的信号进行处理，计算出光谱强度与光谱的波长，然后进行数据存储与显示。

光栅光谱仪的光源发出的光束进入入射狭缝 S1，S1 位于反射式准光镜 M2 的焦面上，通过 S1 入射的光束经 M2 反射成平行光束投向平面光栅 G 上，光栅衍射产生光谱，衍射后的平行光束经物镜 M3 成像在 S2 和 S3 上。通过 S3（CCD）可以观察光的衍射情况，以便调节光栅；光通过 S2 后用光电倍增管接收，可送入计算机进行分析（图 13 - 2）。

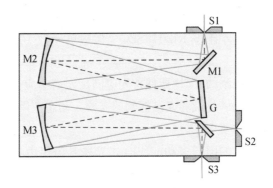

M1—反射镜；M2—准光镜；M3—物镜；G—平面衍射光栅
S1—入射狭缝；S2—光电倍增管接收；S3—CCD 接收

图 13 - 2　光栅光谱仪结构示意图

光电倍增管接收的波长范围为 200—600 nm，波长精度≤±0.2 nm，波长重复性≤±0.1 nm。线阵 CCD 的接收单元有 2 048 个，光谱响应区间为 300—660 nm。

我：光谱探测为何要用线阵 CCD，而不用面阵的呢？

彭老师：虽然线阵 CCD 是一维摄像，"身单力薄"，可是它也有优点，那就是在一条线上像素多，一般为 2 048，现在的可能更多。而且线阵 CCD 易于拼接，进一步增加了像元数。况且，光谱探测显示的是波长与光强的关系曲线（图 13-3），并不需要光谱的平面图形，所以也就用不着面阵 CCD。

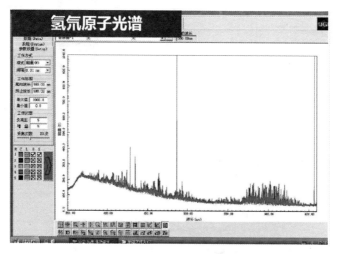

图 13-3 计算机显示的氢氖原子光谱

此外，由于线阵 CCD 图像传感器具有高分辨、高灵敏度、结构紧凑以及自扫描等特性，所以利用线阵 CCD 器件、光学成像系统、计算机数据采集与处理系统构成的一维尺寸测量仪器，具有测量精度高、速度快、应用方便灵活等特点。这种测量设备一般不需要复杂的机械运动机构，抗电磁干扰能力强，从而减少误差来源，使测量准确度更高。

我：彭老师，下面请您谈谈线阵 CCD 的其他应用。

彭老师：大家在中学物理里都学过单缝衍射（图 13-4）和双缝干涉，光栅光谱就是在那个基础上发展起来的。

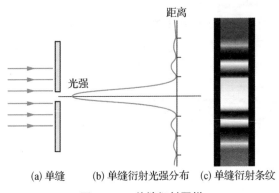

(a) 单缝　　　(b) 单缝衍射光强分布　(c) 单缝衍射条纹

图 13‑4　单缝衍射图样

如果在单缝衍射条纹（图 13‑4c）上垂直放置线阵 CCD，就可得到其光强分布图线（图 13‑4b）所示。现在已有一种 CCD 光强分布测量仪可以胜任这个任务（图 13‑5）。

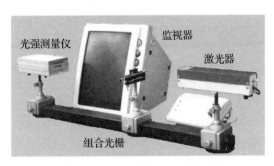

图 13‑5　CCD 光强分布测量系统

一套完整的光强分布测量系统由光具座、激光器、组合光栅、CCD 光强分布测量仪和计算机数据采集盒（USB 接口）外加一套计算机组成。组合光栅（图 13‑6）由光栅片（图 13‑7）和二维调节架构成。这种以 CCD 器件为核心构成的光学测量仪器，可测量干涉、衍射的光强分布。由于用线阵 CCD 器件接收光谱图形和光强分布，经过微处理系统的分析处理，可在监视器上显示出光强曲线并完成测量。这种多道光强分布测量系统具有分辨率高，实时采集、实时处理和实时观测等优点。

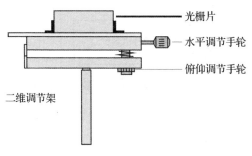

图 13 - 6 组合光栅

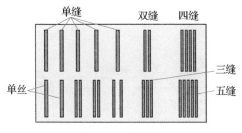

图 13 - 7 光栅片

我：测量单缝或单丝的衍射光强分布有什么意义？

彭老师：从光学课中我们知道，其可以用来测缝宽或者测量光的波长。由此我们得到启发，利用类似的原理与设备，在工业上可以测量细丝或细棒的直径，并进行细丝的质量控制。

在工业生产中，遇到测量细丝直径的问题，往往首先想到的是用游标卡尺或测微仪等进行接触测量，但这样会引起被测细丝形变，而且不能实现自动化和快速测量。而用线阵CCD测量激光对细丝的衍射条纹，CCD输出信号数字化后，将数据送入计算机，经过软件计算获得细丝的直径值，就可以实现细丝的自动化、快速和准确测量（图 13 - 8）。

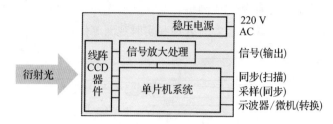

图 13‑8 CCD 光强分布测量仪内部结构框图

细丝激光衍射测量系统令氦氖激光器射出的激光束入射到被测细丝上，在距细丝一定距离处产生衍射图样，线阵 CCD 接收衍射条纹，产生与之相应的输出信号，经低通滤波放大，再经模数转换（A/D）变换后送入计算机进行计算和处理，即可得到细丝的直径值（图 13‑9）。

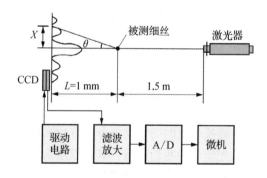

图 13‑9 CCD 激光衍射细丝直径测量系统框图

此类测量系统采用线阵 CCD 作为光电传感器，它把光强分布转换成电压时序信号。该系统提供了一种高精度测定细丝直径的方法，不过，也需注意系统调整与 CCD 的噪声和像元灵敏度差异引起的误差，应设法消除。

第 14 章

极微弱光的探测

——单光子计数赞——

遥远寒星， 娟娟月亮， 知此弱光， 怎样测量？

光子计数， 派上用场， 抑制噪声， 信号增强。

拉曼光谱， 医学图像， 高新技术， 用途弥广。

这首打油诗说的是单光子计数技术用于极微弱光测量。

有一年，系里购进了两种实验仪器，一是单光子计数，二是拉曼光谱。前者是为了让学生了解单光子计数的工作原理、构成与性能，后者则是单光子计数技术的应用。核物理专业的丁教授，既擅长光学，又熟悉核试验技术，下面是我和他关于单光子计数技术的对话。

1. 单光子计数工作原理

无事不登三宝殿，不好意思，想请教您几个问题。

我

您说吧！什么问题？

丁教授

我：丁教授，请介绍一下单光子计数的工作原理。

丁教授：在某些光谱测量中，常常会需要测量非常微弱的光信号，被测光的光功率仅有 10^{-17} W 甚至更低。这样的光功率水平比室温下光电倍增管的热噪声水平（10^{-15} W）还要低 2 个数量级，光信号淹没在噪声里。在这种情况下，常规检测入射光强度的方法已经不适用，此时就需要采用以光的粒子性为基础的单光子计数技术。

单光子计数是一种探测微弱光信号的新技术，它可以探测强度极弱的光，如目标光弱到光强以单光子到达的情况。当光流强

度小于 10^{-16} W 时，光的光子流量可降到一毫秒内不到一个光子，因此该系统是对单个光子进行检测，进而得出弱光的光流强度。这种技术目前已被广泛应用于医学、生物学、物理学等许多领域里微弱发光现象的研究。在这种技术中，一般都采用光电倍增管作为光子到电子的变换器（近年来也有用微通道板和雪崩光电二极管的），通过分辨单个光子在光电倍增管中激发出来的光电子脉冲，利用脉冲高度甄别技术和数字计数技术将淹没在背景噪声中的弱光信号提取出来。借助电子计数的方法检测入射光子数，实现极弱光强的测量。

基本单光子计数系统主要包括光电倍增管、放大器、脉冲高度鉴别器、波形整形器、计数器和显示装置等（图 14-1）。

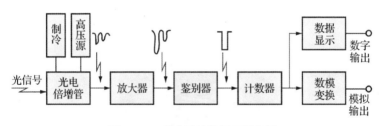

图 14-1 单光子计数原理示意图

用光电倍增管接收光信号，其输出电流脉冲通过放大器转换为电压信号并被放大。由放大器输出的信号除有用光子脉冲之外，还包括器件噪声和多光子脉冲。脉冲高度鉴别器的作用是从噪声和多光子脉冲中分离出单光子脉冲，再用计数器计数光子脉冲数，计出在一定时间内的计数值并以数字和模拟信号形式输出。由于单光子成像技术采用的是脉冲计数方式，当脉冲幅度低于一定的阈值时不予计数，因此可滤除大多数的噪声，具有非常高的信噪比。

打个浅显的比方，极微弱光信号像庄稼，噪声像杂草，庄稼淹没在杂草里，要想收获庄稼，就要设法抑制杂草，并使用智能收割机鉴别哪些是庄稼，然后只收割庄稼而不割杂草。这有点和单光子计数原理类似吧？

在单光子计数系统中，光电倍增管是把微弱的光输入转换成光电子，并使光电子获得倍增的电真空器件，光电倍增管性能的好坏直接关系到光子计数器能否正常工作（图14——图14 - 3）。

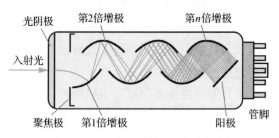

图 14‑2　光电倍增管的结构原理图

图 14‑3　光电倍增管外形图

光电倍增管由光电发射阴极（光阴极）、聚焦电极、电子倍增极及电子收集（阳极）等部分组成，工作时这些电极的电位从阴极到阳极逐渐升高。当弱光信号照射到光倍增管光阴极上时，每个入射的光子使光阴极向真空中发射光电子。光阴极产生的光电子数与入射到光阴极上的光子数之比称为量子效率。大多数材料的量子效率都在 30％以下，也就是说每 100 个入射光子大约只能记录不到 30 个。这些光电子经聚焦极电场进入倍增系统，并通过进一步的二次发射得到倍增放大。经过几个或十几个倍增极的增殖作用后，电子数目最高可增加到 10^5。然后把数目放大后的电子用阳极收集并作为信号输出。从某种意义上说，单光子计数实际上是将光电子产生的脉冲逐个记录下来的一种探测技术。

因为采用了二次发射倍增系统，所以具有光电倍增管的探测紫外、可见和近红外区辐射能量的光电探测器，具有极高的灵敏度和极低的噪声。另外，光电倍增管还具有响应快速、成本低、阴极面积大等优点。

从以上介绍可知，能够进行光子计数的一个重要条件是要有性能良好的光电倍增管，要求光电倍增管有适当的阴极面积、量子效率高、暗计数率低、时间响应快，并且光阴极稳定性好。

在单光子计数系统中，放大器的作用是将光电倍增管阳极回路输出的光电子脉冲和其他噪声脉冲线性放大。要求放大器具有较宽的线性动态范围、噪声系数等特点。

脉冲幅度甄别器（鉴别器）有连续可调的阈电平，又称甄别电平。只有当输入脉冲的幅度大于甄别电平时，甄别器才输出一个有一定幅度和形状的标准脉冲。

计数器（定标器）的作用是将甄别器输出的脉冲累计起来并予以显示。用于微弱光测量的光子计数器，其计数率一般很低，因此采用计数率低于 10 MHz 的计数器即可。这部分还必须有控制计数时间的功能。

我们的实验室就有一台学生实验用单光子计数实验仪（图 14 - 4）。

图 14‑4　单光子计数实验系统外形图

2. 光子计数成像器件

我：请谈谈光子计数成像器件有哪些。

丁教授：最近几十年来，光子计数成像技术有了飞速的发展，不同类型的光子计数成像器件相继问世。它们中的大部分是由真空光电子成像器件和固体光电子成像器件，经过优化组合和特殊处理制成光子计数成像器件。曾有多种光子计数成像器件方案被报道过，它们各有特色和局限，已经应用于不同的技术领域。

光子计数成像系统（PCIS）中，光子计数像管通过成像物镜 1 把来自目标的光子流，经光阴极光电转换、MCP（微通道板）电子倍增器、荧光屏显示，再现为一幅亮度得到增强的景物图像；像管电源控制器 6 提供像管各级工作电压及控制信号；通过中继透镜 3 耦合到高帧速 CCD 摄像机 5，输出的视频图像即可被视为由近百万个 MCP 微通道板电子倍增器分别放大了的目标光电子二维图像。其中，每一个微通道所提供的输出电子信号包含了目标信号和各类噪声，它们经过后续选通脉冲发生器 7 和视频图像处理器 8 中的幅度甄别器处理，剔除了复合信号中的高能离子闪烁噪声和低能 MCP 热噪声，只让目标信息及光阴极热噪声信号通过，这样形成的复合信号经计算机分析处理后送给末端

TV 显示器 9，再现为一个信噪比得到大大改善的景物图像。以上光子计数过程也可通过高速摄影机 4 直接拍摄（图 14 - 5）。

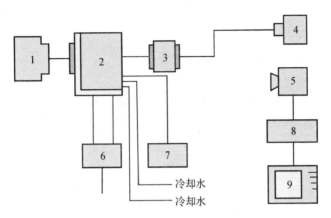

1—成像物镜；2—光子计数像管（含光阴极、多块 MCP 和荧光屏）；3—中继透镜；
4—高速摄影机；5—高帧速 CCD 摄像机；6—像管电源控制器；
7—选通脉冲发生器；8—视频图像处理器；9—TV 显示器

图 14 - 5　光子计数成像系统原理框图

 知识链接

像　管

　　像管属于光子成像器件，包括变像管和像增强器。变像管把非可见光，如红外、紫外、X 射线等图像转化成可见光图像，如红外变像管、紫外变像管。像增强器的作用是指把微弱的可见光图像增强亮度，变成人眼可以观察到的图像。

　　为了使微弱的可见光或不可见的辐射图像通过光电成像系统变成可见图像，光电计数像管应能起到光谱变换、增强亮度和成像的作用。像管的基本结构主要由光电阴极、微通道板 MCP 和荧光屏三部分组成，不同类型的像管具体结构差别较大。

光子计数成像器件具有增益高、输入噪声低、响应速度快和易于视频处理控制及智能化等优点，在天文、物理、化学、生物、医疗等诸多领域里具有重要实用价值。

3. 光子计数成像器件的应用

我：请谈谈光子计数成像器件有哪些应用。

丁教授：先说说光子计数成像器件在拉曼光谱检测中的应用。

拉曼散射光是非常弱的，一般说来，散射光强只有激发光强的 10^{-6}—10^{-8}，再加上分光系统的透光率及光路上的损失，能到达探测器（一般为光电倍增管）的光强是极微弱的。过去，拉曼光谱的研究采用水银弧灯作为光源，研究进展缓慢。1960 年出现激光后，拉曼光谱因为有了十分强的单色光源，再加上光子计数技术的应用，获得了巨大的进展。

激光拉曼光谱仪由激光器、样品系统、双单色仪、探测器（光电倍增管 PMT）、光子计数系统、计算机记录和信息处理等部分组成。拉曼光谱仪令激光射至样品上，产生拉曼散射；拉曼散射光通过光学聚集系统收集后进入单色仪，光电倍增管将光信号变为电信号，光子计数系统从噪声中将微弱信号提取出来，经计算机处理和记录，最后得到拉曼光图谱（图 14-6）。光子计数系统的应用使光信号得以增强，提高了信噪比。

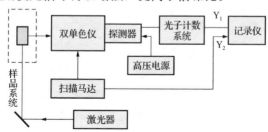

图 14-6　采用光子计数系统的激光拉曼光谱仪示意图

知识链接

拉曼散射

拉曼散射指光波在被散射后频率发生变化的现象，由于拉曼散射非常弱，所以直到 1928 年才被印度物理学家钱德拉塞卡拉·文卡塔·拉曼（C. V. Raman，1888—1970）发现，他因此获得 1930 年诺贝尔物理学奖（图 14 - 7）。

1921 年，拉曼从英国搭船回国，在途中他思考着为什么海洋会是蓝色的问题，进而开始了这方面的研究，促成他于 1928 年 2 月发现了新的散射效应，也就是现在人们所知的拉曼效应。由拉曼散射的研究，可以得到分子结构的信息，这在物理和化学方面都很重要（图 14 - 8）。

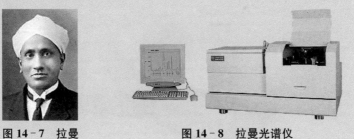

图 14 - 7　拉曼　　　　　图 14 - 8　拉曼光谱仪

我：听说光子计数成像器件在医学中也有应用？

丁教授：是的，单光子发射计算机断层成像（SPECT），就是利用光子计数成像做成的医学检查设备。

单光子发射计算机断层成像简称单光子断层成像，它是对从受检者体内发射的 γ 射线成像，故称为发射型计算机断层成像术（图 14 - 9）。它是核医学影像的基本仪器之一，目前已经装备到大部分的地市级医院，在疾病的影像诊断中起重要作用（图 14 - 10）。

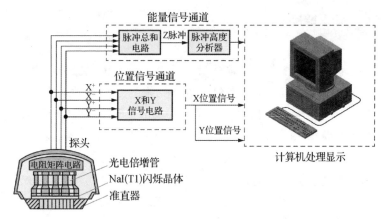

图 14-9　单光子发射计算机断层扫描仪（SPECT）结构示意图

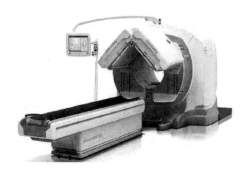

图 14-10　单光子发射计算机断层扫描仪（SPECT）外形图

　　SPECT 是 γ 照相机与电子计算机技术相结合的产物，它是在 γ 照相机基础上，增加了探头的旋转装置及断层图像重建软件系统，主要构成部分为准直器、闪烁晶体（NaI 晶体）、光电倍增管（PMT）、位置电路与能量电路、数据分析计算机。

　　准直器能够限制散射光子，允许特定方向 γ 光子和晶体发生作用。晶体的作用是将 γ 射线转化为荧光光子，最常用的晶体为 NaI。光电倍增管将微弱的光信号转换成电子（光电效应），并倍增放大成易于测量的电信号。位置电路与脉冲高度分析器主要作用是将光电倍增管输出的电脉冲信号转换为确定晶体闪烁点位置的 X、Y 信号和确定入射 γ 射线的能量信号。最后，一台数据处理计算机处理所有的投影数据，形成一张可读的图像。

　　SPECT 之所以可以诊断疾病，是因为同位素药物被身体某个部位吸收，身体内异常的组织会异常吸收药物，因此从图像可以看出病变。SPECT 首先需要病人注射含有放射性同位素的药物，在药物到达所需要成像的断层位置后，由于放射性衰变，将从断层处发出 γ 光子。γ 射线首先经过准直器准直，然后打在碘化钠（NaI）晶体上，碘化钠晶体产生的闪光由一组光电倍增管收集。所有光电倍增管的输出信号通过处理，可以产生位置信号和能量信号。经过处理的信号成为一个计数被记录，形成一幅人体放射性浓度分布图像，即一幅 γ 相机图像。

　　SPECT 能够显示细胞和分子的生物学活动，以及物质代谢方面的信息，同时使用成本低，便于推广。但由于分辨率的限制，其无法清晰地显示解剖结构，造成病灶的定位困难。目前 SPECT/CT 融合机型已经产生，能够将 SPECT 的功能图像与诊断 CT 的图像精确地结合起来，弥补了 SPECT 在解剖定位和分辨率方面的不足，具有更大的应用价值（图 14 - 11）。

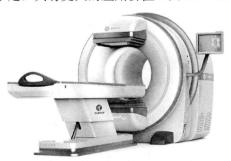

图 14 - 11　国产 SPECT/CT 融合机

近 20 年发展起来的光子计数成像技术是研究弱光现象的有力工具。除上述应用外，光子计数成像系统还应用于医疗诊断、材料分析、拉曼光谱分析（表面增强拉曼光谱、超导材料拉曼光谱、化学和生物物质拉曼光谱）等领域，有广泛的应用前景。

第 15 章

CCD 与 天 文 观 测

——— 天文观测颂 ———

天文望远镜，

装上 CCD，

目视改电视，

如虎添双翼。

星空多美妙，

宇宙更神秘。

观测自动化，

探索获佳绩。

天文系的郑教授想在校天文馆的天文望远镜上安装 CCD 系统，请我帮助制定方案，选择 CCD，购置器材。下面是我俩的对话。

我

郑教授，听说您要在天文望远镜上装CCD?

是有这个想法。

郑教授

我：郑教授，您想在天文望远镜上安装 CCD 系统的想法可行吗?

郑教授：这方面已有先例，据报道，1985 年云南天文台筹建中国第一台 CCD 天文系统——云台一号 CCD 系统（图 15‐1—图 15‐2），接着北京天文台为怀柔太阳观测站太阳磁场望远镜研制了 CCD 系统（图 15‐3—图 15‐4），两者均展现了良好的效果。CCD 具有量子效率高、几何失真小、噪声低及实时采集和处理的能力，能使天文观测效率显著提高，令天文数据质量大为改善。利用这一新的技术成果，天文学家不但可以用同样口径的望远镜搜索和测量更多的暗星、星系及类星体，同时还可从事光谱观测、天体测量、斑点干涉测量等。他们能做得到，我们一定也可以做到。

 知识链接

暗星、星系及类星体

在茫茫的宇宙海洋中，千姿百态的"岛屿"星罗棋布，存在着无数颗恒星和各种天体，天文学上称为星系。我们居住的地球就在一个巨大的星系——银河系之中。在银河系之外的宇宙中，像银河这样的太空"巨岛"还有上万亿个，它们统称为河外星系。

类星体看起来类似恒星，又称为似星体。类星体是一种距离遥远的高光度天体。

暗星是由暗物质组成的天体，且这些物质也会像一般星系一样绕着星系核心旋转。由于它们可能含有一些气体（例如氢），因此能借助无线电波来侦测它们的存在。

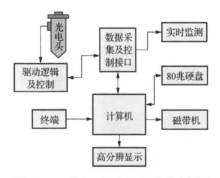

图 15-1　云台一号 CCD 系统总方框图

图 15-2　云南天文台外景（左）和 1 m 望远镜（右）

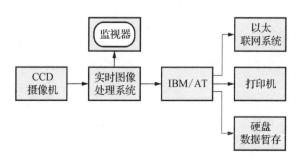

图 15‑3　北京天文台 CCD 太阳磁系统方框图

图 15‑4　北京天文台怀柔太阳观测站外景（左），太阳磁场望远镜（右）

我：请您谈谈近年来天文观测的发展，好吗？

郑教授：好的，我讲一下近年来天文观测的发展脉络。

天文学是一门以观测为基础的科学，观测当然是最重要的一环。可以说，天文观测的进步是与光电器件的发展紧密联系在一起的。中国科学院紫金山天文台研究员王传晋对天文观测仪器的发展做过分析，认为光学天文观测仪器的发展有四次革命性的飞跃：一是望远镜的出现，使人类可探测到遥远的深空；二是照相乳胶的问世，使人类能够客观地记录天体的信息；三是电荷耦合器件的应用，使人类可以实时观测并显示天文图像；四是空间观测的实现，使人类摆脱大气层的影响，进一步看清天体的真实面貌。

照相乳胶发明前，只能靠人眼使用望远镜对天体观测。法国物理学家斐索（H. Fizeau）和傅科（L. Foucault）在 1845 年拍摄到的太阳黑子像可以说是乳胶用于天文的起点。此后 100 年间，照相乳胶几乎成为天体可见光波段的唯一有效的探测器，在天文观测中居于垄断地位。

1945 年，光电倍增管的发明引起了天文工作者的重视。光电倍增管具有极高的内部增益，将阴极发射的光电子倍增几十万倍或更高，使可探测的阈值大为改善。它的另一优点是使天文观测的精度大为提高，这是照相乳胶远远不及的。利用这个设备，天文光电测光在 20 世纪 50—60 年代成为恒星测光中最活跃的领域之一，和照相乳胶分庭抗礼，是天文观测中两个互相补充的有力工具。

20 世纪 70 年代初，固体光电成像器件为天文观测带来又一次革命。短短 20 年时间内，除了极个别特殊场合，照相乳胶已被全面淘汰。CCD 结束了照相乳胶长达一百多年的统治。

为了更深入认识宇宙，建立空间观测平台是很好的办法。然而，这耗资巨大的项目目前只有少数国家能够做到，而装配一套 CCD 系统则所费不多，一般天文台都有能力配置，甚至较富有的天文爱好者也能负担。

1981 年，我国开始筹划为国内望远镜配置 CCD 摄像头探测器。1984 年在云南天文台的一 m 望远镜上装成了"云台一号" CCD 系统。1984 年 4 月 16 日夜首次试机，摄得来自 M57 行星状星云的壮观图像。进一步观测表明，"云台一号"比原来使用照相底片时候的探测能力提高了 3.8 星等，相当于把该望远镜的口径扩大 4—5 倍。此后十几年，我国天文台的中大型望远镜上都增添了 CCD 设备（图 15-5）。

图 15 - 5 国家天文台兴隆基地配有 CCD 相机的 85 厘米望远镜

我：请您再谈谈 CCD 在天文观测上的应用。

郑教授：天文学科与 CCD 的关系非常紧密，它们的发展是相辅相成的。过去 20 年内在天文学上的发现在很大程度上是靠光电子探测器的发展取得的。天文观测的特点包括低光度、宽频谱、大动态范围、大视场和高的空间分辨率，这对探测器提出了很高的要求，实际上也促进了 CCD 各项性能的改进，使之更新换代。天文观测得益于 CCD 探测器高量子效率、超低读出噪声、宽动态范围的优点。可以说，CCD 对天文学的发展起了很大作用。

最近十几年来随着电子技术和计算机技术的迅速发展，CCD 在天文上的应用已获得了极大的成功，并日益广泛。CCD 探测器的灵敏、方便、快速、精确等特点十分适合天文观测的需要，因而成为现代天文望远镜的主要检测工具。此外，由于投资少、效益高，对原有的小型望远镜而言，CCD 也是一个很好的补充手段。

用于天文观测的 CCD 系统，由于具有噪声低和线性度好等一系列优点，可以观测很暗弱的天体，特别是能对星系、星云等天体成像，并能进行实时的图像处理，所以在现代天文观测中的作用越来越大。

CCD 成像系统与普通照相机光学结构相同，只是在焦平面上用 CCD 取代了照相底片（图 15 - 6）。不过它必须与计算机系统联机，并装入相应的软件，以控制 CCD 的工作程序和每幅 CCD 图像的读出与存储。

　　典型的 CCD 系统首先把 CCD 置于冷却器中，将 CCD 放在望远镜的焦平面上接收信号，根据观测对象的亮度选取合适的积分时间（即累积曝光或露光时间，从几秒到几小时）；积分结束后计算机启动驱动电路产生相应的脉冲，使 CCD 的模拟信号输出，经

图 15-6　装在望远镜焦平面处的 CCD（白色方框）

过放大和消除部分噪声后，送入模数转换器转换成数字信号，再经过接口送入计算机内存、磁盘、磁带或光盘；对存储器进行扫描可将图像显示在高分辨率的电视屏上，也可将图像拷贝下来予以保存，另有终端设备供人机对话。系统中还有一路数模转换系统，将数字信号变回模拟信号，供实时系统进行监测和对望远镜调焦等使用。整个系统工作中所需电源以及 CCD 和模数转换所需的脉冲，由工作和控制电路控制（图 15-7）。

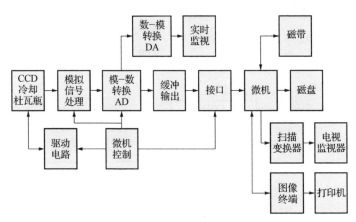

图 15-7　典型的 CCD 系统结构方框图

CCD原则上可适用于观测一切天体目标，如用小口径的望远镜（如150毫米）附加CCD对月球和木星的实际观测，都是比较成功的。若有口径40—60厘米的望远镜，就可利用CCD拍摄到河外星系。

1. 彗星的CCD成像观测

我：郑教授，可以用CCD成像系统观测彗星吗？

郑教授：可以的，用CCD成像系统观测彗星，比目视观测更有优越性，可以累积曝光时间，便于发现暗弱的彗星，观察彗星的形状也会更清晰（图15-8）。

图15-8 CCD成像系统望远镜观测到的彗星

进行CCD成像观测需用一套CCD成像装置、驱动电路和电源，以及制冷设备（液氮制冷或者半导体制冷）和计算机（图15-9）。通过接口把CCD成像装置接在望远镜的焦平面附近，即可进行CCD成像观测（图15-10）。

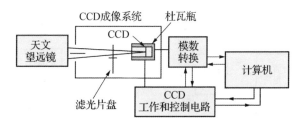

图15-9 天文CCD观测系统示意图

电源接通后，要有一段时间制冷CCD（一般达到－110 ℃），然后在快门打开前先记录暗电流值，用以资料处理。观测时，依据望远镜的口径、彗星的亮度利用计算机来设置曝光时间。在计算机上用专门软件来完成资料处理，可直接得到彗星的图像。

天文爱好者如果有自己的望远镜CCD成像系统，也可以用这种方法来观测彗星图像。

图15-10　接在望远镜上的CCD摄像机

南京紫金山天文台的天文工作者曾借助天文望远镜将一次彗星撞木星的天象记录了下来，由中央电视台向全国和世界做了精彩报道。这一幅幅十分珍贵的电视屏幕图像就是采用CCD摄像机通过天文望远镜实时拍摄的（图15-11）。

图15-11　CCD摄像机

2. 河外星系的CCD成像观测

我：可以用CCD成像系统观测河外星系，对吗？

郑教授：是的，在银河系之外还有形形色色、体态各异的河外星系。一些河外星系早期称河外星云，如大麦哲伦云、小麦哲伦云和著名的仙女座大星云（图15-12）。用望远镜看星系，可以看出它们不同的形态结构；用CCD成像系统拍摄下来则另有一番趣味。

用CCD成像系统观测河外星系，望远镜口径通常为150—400毫米或更大些。在望远镜的焦平面附加一台CCD成像系统，

图 15－12　仙女座大星云

中间通过接口连接，便是拍摄遥远河外星系的良好设备。

CCD 成像系统需配备制冷设备（例如半导体制冷器件）及驱动电路、计算机和相应的观测、处理软件。有的厂家生产的CCD 成像系统包括两个 CCD 探测器，其中主要的 CCD 探测器用于天体的成像观测；另一个 CCD 用于导星，以及时纠正望远镜的跟踪误差。

观测前，把 CCD 的驱动电源接上，使 CCD 制冷并进入工作状态。

观测时，令望远镜指向所观测的星系，调节焦距使星系成像于 CCD 的接收面上，由试测得到的星系图像清晰度来判断系统的焦距是否调好。观测期间利用另一个 CCD 装置放在导星镜的后面作为导星用，监视星系的某颗星，若有偏离迅速调整望远镜。

观测时要输入预计的露光时间，这要根据星系的亮度及望远镜的口径和 CCD 的灵敏度决定。例如，口径为 178 毫米的望远镜，对 6 等星，大约需要积分 3 分钟。

积分完毕即可利用专用软件把观测的图像调出来，显示在计算机的显示器屏幕上。

3. 天文自适应光学望远镜系统

我：要是有自适应的光学望远镜就好了。

郑教授：其实已经有了。

我们知道，由遥远星体通过均匀介质传来的光波波面应该是平面波，但实际上传播过来的却是经过大气湍流扰动的非平面波，也就是说光波通过大气时，其平面波前受扰动作用而畸变，大致引起星象闪烁、星象晃动、星象模糊三种效应。这使天文望远镜很难获得宁静如明镜似的星像，许多遥远、微弱星体也就无法观测。如果不能探测到这种时—空变化并实时地予以补偿和校正，就不可能用望远镜获取清晰的图像。

若用自适应光学技术校正光波波前动态的畸变，则可以解决这个问题，使光学望远镜的观测能力达到极高的水平。这项技术现已广泛应用于天文观测等领域。

在自适应光学系统的作用下，畸变的波前经过校正，变为平面波前，由成像镜形成改正后的像（图 15-13）。

天文自适应光学望远镜系统通常由波前传感器、波前控制器和波前校正器三个子系统组成。波前传感器实时测量从目标传来的波前误差；波前控制器把波前传感器所测得的波前畸变信息转化成波前校正器的控制信号，以实现自适应光学系统的闭环控制；波前校正器将波前控制器提供的信号转变为波前相位变化，反其相而行之，以校正光波波前的畸变（图 15-14）。

天文自适应光学望远镜系统中的波前传感器子系统又被称为哈特曼传感器，像面上均匀排列着几十个到近百个透镜组成的阵列，它们把畸变波前分别成像于像增强 ICCD 或 EBCCD 传感器光阴极面上，变为二维光电子数分布，经过电子倍增，荧光屏电—光转换，变为亮度得到高倍增强的可见光图像，继而通过

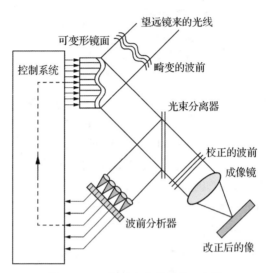

图 15‑13　自适应光学系统示意图

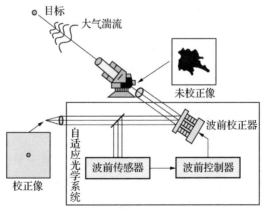

图 15‑14　天文自适应光学望远镜系统示意图

CCD 变为数字视频图像，再由计算机进行处理和计算。最后计算机将计算结果发送至波前控制器，由波前校正器做相应的反向补偿（图 15 - 15）。

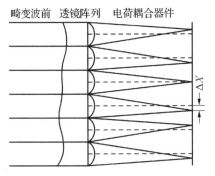

图 15 - 15 自适应光学哈特曼波前传感器原理图

当前，自适应光学系统已经得到了非常广泛的应用，成为科技领域不可或缺的技术（图 15 - 16）。

图 15 - 16 真空太阳望远镜及自适应光学系统

第 16 章

无处不在的眼睛

监控颂

从白昼到夜晚，

从春季到冬天，

你永不疲倦的眼睛，

保卫着我们的家园。

像神圣的哨兵，

维护社会平安，

将犯罪暴露无遗，

让交通违章无处躲闪。

为电网巡检节省人力，

令保安无须彻夜不眠。

监控，

我们忠实的朋友，

与我们的生活息息相关。

出于对 CCD 摄像机的兴趣，我特别关注 CCD 摄像机的应用，于是我走访了 CCD 生产公司。公司朱经理接待了我，下面是我与朱经理的谈话。

无事不登三宝殿，不好意思，想请教您几个问题。

我

您说吧！什么问题？

朱经理

我：先介绍一下您公司吧！

朱经理：我们公司设计生产的 CCD 摄像机系列产品，主要应用于路口监控、家庭保安、门禁管制、医学检验、工业检查、仪器量测、影像电话、倒车监控等，产品销售遍及全球市场（图 16 - 1）。

图 16 - 1　各种 CCD 摄像头

我：朱经理，我想了解 CCD 在安防监控方面的应用。

朱经理：安防监控，我的理解是为"安全防范"所采用的监视控制设备与措施。视频监控技术按照主流设备发展过程，大致可以分为 3 个阶段，即 20 世纪 70 年代开始的模拟视频监控阶段；20 世纪 90 年代开始的数字视频监控阶段；近几年兴起的智能网络视频监控阶段。

安防监控系统未来发展的方向应该是数字化集成、网络化和智能化。从以往的人工判断升级为自动判断并处理，减轻了值班人员的工作量。

如果您想在家里装一个最简单的视频监控系统，只需要 CCD 摄像头、电源线和视频线，视频线一头接在录像机上、一头接在摄像头上，就行了。必要时可以再接上一台监视器（图 16 - 2）。

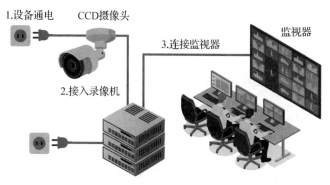

图 16 - 2　视频监控系统

一般说来，视频监控系统由实时控制系统、监视系统及管理信息系统组成（图 16 - 3—图 16 - 4）。实时控制系统负责实时数据采集处理、存储、反馈的功能；监视系统完成对各个监控点的全天候监视，能在多操作控制点上切换多路图像；管理信息系统完成各类所需信息的采集、接收、传输、加工、处理，是整个系统的控制核心。

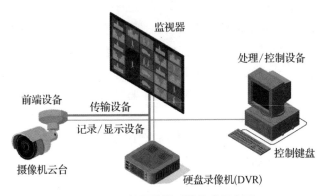

图 16-3　视频监控系统构成示意图

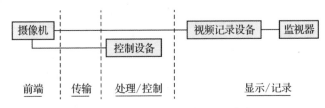

图 16-4　视频监控系统构成方框图

我：请讲一下视频监控系统的工作原理。

朱经理：视频监控系统把被摄物体反射光线传递到镜头，经镜头聚焦到 CCD 芯片上；CCD 根据光的强弱积聚相应的电荷，经周期性放电，产生表示一幅幅画面的电信号；经过滤波、放大处理后，通过摄像头的输出端子输出一个标准的复合视频信号。这个标准的视频信号同家用的录像机、VCD 机、家用摄像机的视频输出信号是一样的，所以也可以进行录像或接到显示器上观看。

我：视频监控系统由哪些设备构成呢?

朱经理：视频监控系统的主要设备大概有 9 种。

第一，摄像机，在闭路监控系统中，摄像机又称摄像头，用以采集图像，其主要传感部件是 CCD 芯片。CCD 就像人的视网膜，它能够将光线变为电荷，并将电荷储存及转移，也可将储存的电荷取出使电压发生变化，是理想的摄像元件。

第二，镜头，分定焦镜头和变焦镜头。变焦镜头焦距可变，可将景物拉近或推远，实现缩放效果。

第三，云台，一种可以带动摄像机左右、上下转动的设备，用它可以实现监控目标的全方位摄像。

第四，监听头，一个高度灵敏而又体积小巧的麦克风。

第五，防护罩，它为摄像机提供进一步的防护功能，防风吹、雨打、日晒、雷击以及人为破坏。

第六，控制主机，监控系统的大脑，其他所有的设备都要与控制主机相连。控制主机通过键盘或计算机内的多媒体软件接收值班人员的控制操作，然后控制其他设备，例如云台的转动，镜头的变倍、聚焦、光圈变化。还可以将需要的画面调到监视器上显示，使不同摄像机拍摄的画面按顺序显示出来。每路摄像画面显示一定的时间，并且可以切换不同时间段的画面。

第七，监视器，用于图像显示，它的显示能力也直接影响到图像的质量。

第八，解码器，它把主机发来的动作命令译成云台转动、镜头变化所需的驱动电压和电源，驱动相应摄像机、电动三可变镜头、室内云台等完成各种动作。

第九，画面分割器，可以同时将多至 16 路不同的图像在一台监视器上显示出来。

近年来，随着信息技术工具的发展，越来越多的监控技术应用于治安防范和家庭生活之中。我们在地铁、医院、写字楼等公共场所看到的监控摄像头，都在忠实地记录着周边所发生的一切。它们可以说是"无处不在的眼睛"（图 16-5）。

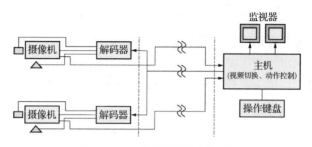

图 16-5　视频监控设备组成

我：要安装一套视频监控系统，应该如何选择 CCD 摄像机呢？

朱经理：CCD 摄像机种类繁多，按成像色彩划分，有彩色摄像机和黑白摄像机；按照度划分，可分为普通型（正常工作所需照度 1—3 lx）、月光型（正常工作所需照度 0. 1 lx 左右）、星光型（正常工作所需照度 0. 01 lx 以下）、红外型（采用红外灯照明，在没有光线的情况下也可以成像）；按外观可分为机板型、针孔型、半球型（图 16-6）。要根据监控地点实际情况和环境状况以及客户具体要求，选择合适的监控摄像机。

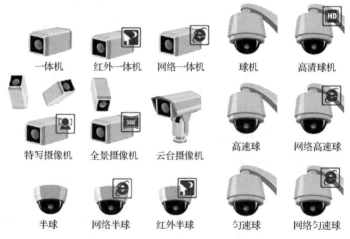

图 16-6　形形色色的监控摄像机

我：朱经理，请谈谈安防监控行业未来的发展。

朱经理：随着国民经济及信息技术、网络技术的迅速发展，监控系统在各行业的应用日渐广泛。目前，监控系统已经不仅在通信、交通、安全等行业有所应用，也在逐步向其他行业发展。

随着大众安全意识的不断提高，公众用户也不断地增加了对安全防范及视频监控服务的需求，尤其中小企业、商户、家庭用户等在视频监控方面的需求，为商家提供了广阔市场。

随着物联网、大数据、云计算和人工智能等前沿科技的飞速发展，平安城市、智慧城市和公共安全网等概念纷纷涌现。传统安防行业开始转型升级，通过技术交叉融合，将出现应用创新、集成创新和模式创新的新局面，安防行业将进一步迅速发展。预期在不久的将来，就可以出现"全域覆盖、全网共享、全时可用、全程可控"的公共安全视频监控联网应用。

为适应平安城市和智慧城市建设的需求，目前已研制出 IP 智能视频监控系统，即网络智能视频监控模式（图 16 - 7）。该系统由前端设备、信令处理、媒体处理、存储处理和后端设备组成，具有监视和存储图像清晰流畅、图像切换和云台控制快速灵活、图像保存安全可靠、数据查询简单快捷、系统运行可靠、管理和维护更加方便等优点。

随着现代化科学技术的发展，犯罪分子的作案手段越来越复杂，隐蔽性也更强，这就对安全防范技术手段提出了更高的要求。

首先，探测器需要由原来比较简单、功能单一的产品发展成为多种技术复合的高技术产品。例如，使用微波—被动红外复合探测器，以降低探测器的误报率。

其次，安全防范技术需要更有效、更直观，这是安全防范系统发展的趋势。这就要求摄像头趋向微型化和智能化，使探测器更隐蔽。数字化的实现，将带来一片生机勃勃的景象，数字摄像

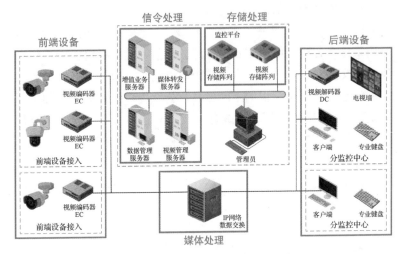

图 16－7　网络智能视频监控系统示意图

机、数字录像机、数字化硬盘存储技术的应用，使录像装置能够长时间录像，图像更清晰，保存时间更长，检索回放更方便。

再次，在电视监控系统中应用多媒体技术，使得计算机能够处理图形、图像、声音、文本等多种信息资源，还可以提取有用的信息。

从次，建立综合的安全防范系统是今后发展的趋势之一。综合安全防范系统中既有入侵防盗功能、防火功能、防爆功能，还有安全检查功能，等等。

最后，信号传输由模拟有线信号转为数字无线信号也是安防系统的发展趋势之一。这种信号传输的转换，可以降低施工中的布线工作量，节省材料，并且提高安全防范系统的可靠性和稳定性。

现在，视频监控系统已广泛应用到教育、娱乐、医疗、服务、金融等各种领域，成为预防事故、震慑犯罪、保障人身和财产安全、维持社会安定的重要手段（图 16-8）。我们无论是在工作、购物，还是在开车时，都处在视频监控之中。视频监控系统无处不在，与我们的生活息息相关，可以说是无处不在的眼睛。

图 16-8 医院高清网络摄像机监控的一种方案

第 17 章

机器人的眼睛

——机器人赞——

似人动作并非人，

神奇灵活又精准。

巧夺天工谁创制，

惊叹科技时时新。

这首打油诗赞的是机器人。当前，机器人是热门话题。高等院校纷纷办起的人工智能/机器人科系，如雨后春笋；许多科研院所搞起人工智能研究，不断创新，百花争妍；国内外公司生产销售各种类型机器人，满足社会需求；工业机器人在工厂矿山正协助或取代人类的工作，大有用武之地；各种用途的智能机器人进入寻常百姓家，成为生活和学习的助手。人工智能事业蒸蒸日上，方兴未艾。

我早就有一睹智能机器人迷人风采的愿望，不久前，机器人应用技术展览会主办方送给我一张参观券，给我一次难得的学习机会，我喜出望外，欣然前往。这次参观使我大开眼界。

展览会门口站立着美女迎宾机器人，酷似迎宾小姐，栩栩如生，以假乱真（图 17 - 1）。

图 17 - 1　美女迎宾机器人

在宽大的展厅里布满了各式各样的机器人，琳琅满目，使人目不暇接，如进入科幻世界，令人惊奇。

我一面看着展板，一面仔细听着讲解员的介绍。

讲解员：首先讲讲机器人的来龙去脉。"机器人"一词最早出现在捷克著名的剧作家和科幻文学家卡雷尔·恰佩克（K. Čapek）的剧本《罗素姆的万能机器人》（*Rossum's Universal Robots*）中。该剧描述了一个与人类相似、不知疲倦工作的机器奴仆 Robot，这个名词源自捷克文"Robota"，意为苦力、奴隶，即人类的仆人。从那时起，Robot 一词沿用至今，中文意思为"机器人"。

 知识链接

卡雷尔·恰佩克与恰佩克奖

图 17 - 2
卡雷尔·恰佩克像

图 17 - 3　《罗素姆的万能机器人》剧照
（右边为机器人）

　　卡雷尔·恰佩克（1890—1938）是捷克著名的剧作家和科幻文学家、童话寓言家、新闻记者，卓越的反法西斯战士（图 17 - 2）。他出生于捷克一个乡村医生家庭，1915 年大学

毕业后，从事新闻工作并开始文学创作。1920年恰佩克发表了科幻剧本《罗素姆的万能机器人》，创造了"机器人"这个词（图17-3），此剧本已成为世界科幻文学的经典。1921年后他开始陆续出版科幻作品。1936年出版了著名的长篇科幻小说《鲵鱼之乱》（*Válka s Mloky*）。他还著有大量长短篇小说、剧本、游记等，是捷克文学史上占有重要位置的作家之一。

恰佩克奖（The Capek Prize）是以卡雷尔·恰佩克名字命名的奖项，创立于2014年，以奖励在机器人领域做出贡献的组织和个人，并致力于做机器人行业发展的见证者，打造机器人行业的"诺贝尔奖"。

1942年著名科普读物作家阿西莫夫（I. Asimov）在短篇科幻小说《说假话的机器人》（*Liar*!）中提出机器人学（Robotics）一词，他预测了几个机器人所涉及的科学领域和存在的问题。

1954年，美国人乔治·德沃尔（G. C. Devol）制造出世界上第一台可编程的机械手，并注册了"通用机器人"专利。这种机械手能按照不同的程序从事不同的工作，因此具有通用性和灵活性。

1959年，德沃尔与美国发明家约瑟夫·恩格尔伯格（J. F. Engelberger）联手制造出第一台工业机器人。随后，成立了世界上第一家机器人制造工厂——Unimation公司。由于恩格尔伯格对工业机器人的成功研制，他被称为"工业机器人之父"。

德沃尔与英格伯格的合作还有一段趣话。1956年，在一场鸡尾酒会上，德沃尔与恩格尔伯格谈得很投机，他们一边喝着鸡尾酒一边谈论着卡雷尔·恰佩克有关机器人的剧作。他们觉得自己能够把恰佩克的机器人概念变成现实,决心共同研究制造工业机器人,把人从繁重、单调、艰苦的劳动中解放出来。恩格尔伯格买下了德沃尔申请的"程序化部件传送设备"专利,与他结盟并肩作战。

恩格尔伯格和德沃尔通过密切合作,共同设计了一台工业机器人,由恩格尔柏格负责设计机器人的"手""脚"和"身体"部分,也就是机械部分;由德沃尔负责设计"头脑""神经系统"和"肌肉"部分,也就是机器人的控制装置和驱动装置。他们于1959 年开始制造,终于造出世界上第一台工业机器人,叫作"尤尼梅特"(Unimate),意思是"万能自动",并于 1961 年正式投入工作(图 17 - 4)。

图 17 - 4　德沃尔与恩格尔伯格共同研制工业机器人

1962 年,美国 AMF 公司生产出 Verstran 机器人,与Unimation 公司生产的 Unimate 机器人一样成为真正商业化的工业机器人,并出口到世界各国,机器人技术的研究与应用得到了快速发展。

知识链接

乔治·德沃尔和约瑟夫·恩格尔伯格

乔治·德沃尔（1912—2011），美国肯塔基州人，发明家，机器人的发明者之一（图17-5）。1950年代，在工业机器人出现之前，德沃尔先从事电机工程和机器控制器的相关工作；1954年制造出世界上第一台可编程的机械手，并注册了专利；1959年德沃尔与恩格尔伯格联手制造出第一台工业机器人。

图17-5　乔治·德沃尔　　　　图17-6　约瑟夫·恩格尔伯格

约瑟夫·恩格尔伯格（1925—2015），生于美国纽约，先后获得哥伦比亚大学物理学士和电子工程硕士学位（图17-6）。他于1959年研制出了世界上第一台工业机器人，为机器人工业领域做出了十分卓越的贡献，被称为"机器人之父"。他还被评为美国工程院院士。

我：我国古代有造机器人的传说吗？

讲解员：在我国早就有造机器人的思想和实践，远在三千年前的西周，有个叫偃师的能工巧匠，用皮革、木头、胶漆和颜料造了一个能歌善舞的偶人，展示给周穆王看，使君王大为惊叹，这偶人可看作世界上最早的机器人。这个故事记载于《列子·汤问》一书的第十三篇《偃师造人》。三国时期诸葛亮造的"木牛流马"，也可视为一种自动机械的雏形。三国时期的马均所造的记录里程数的"记里鼓车"，被称作"古代机器人"。

 知识链接

偃师造人

《偃师造人》的故事发生在周穆王（约前 1026 年—约前 922 年）西巡归国时，途中遇到一名自愿奉献技艺的工匠，名叫偃师。他献给周穆王一个出色的偶人，这偶人和常人的外貌极为相似，偶人的动作和真人无一不像，掰动下巴，则能唱歌，调动手臂便会起舞，让旁观者惊奇万分，周穆王也喜不自禁。然而，表演将毕，那偶人向周穆王的侍妾眉目传情时，周穆王勃然大怒，以为这是经过装扮的真人，来愚弄自己，便要将偃师当场处决。偃师赶紧将此物拆解自保，并证明此物只是一个偶人，好让穆王息怒。拆开一看，发现它只是由皮革、木头、胶漆、黑白红蓝颜料组成的假人。被拆解的人偶，居然还能完整装回去，又栩栩如生。如此解除了周穆王的疑惑，最后，终于使周穆王心悦诚服，大叹偃师技法的高超。

我：什么是机器人呢？

讲解员：我国科学家对机器人的定义是一种自动化的机器，这种机器具备一些与人或生物相似的智能能力，如感知能力、规划能力、动作能力和协同能力，是一种具有高度灵活性的自动化机器。

换句话说，机器人是具有一定智能的机器，它能模仿人的眼、耳、口、鼻、手等器官，既可以接受人类指挥，又可以运行预先编排的程序，做各种各样的动作。

机器人技术是综合了机械工程、电子技术、计算机技术、控制论、信息和传感技术、仿生学及人工智能等多学科的最新研究成果而形成的高新技术，是当代研究十分活跃、应用日益广泛的技术领域，代表了当代高新技术的发展前沿。机器人技术已成为衡量一个国家综合技术水平的重要标志。

到目前为止，机器人的发展已经历四代。工业机器人是第一代机器人，属于示教再现型；第二代则具备了感觉能力；第三代机器人是智能机器人，不仅具有感觉能力，还具有独立判断和行动的能力，走向多样化、高智能方向；第四代机器人是感情机器人，它具有与人类相似的情感。

机器人的分类方法有许多，按应用类型可分为产业用机器人、极限作业机器人和服务型机器人；按控制方式可分为操作机器人、程序机器人、示教再现机器人、数控机器人和智能机器人等。

我：请介绍一下机器人系统的构成。

讲解员：机器人系统是由机器人和作业对象及环境共同构成的。一般说来，工业机器人由三大部分六个子系统组成。三大部分是机械部分、传感部分和控制部分。六个子系统是驱动系统、机械结构系统、感受系统、机器人—环境交互系统、人—机交互系统和控制系统（图17-7）。驱动系统是使机器人运行起来的传动装置。机械结构系统是由机身、手臂、末端操作器组成的一

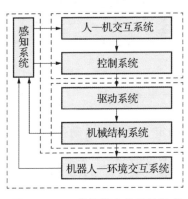

图 17-7 工业机器人的系统组成

个多自由度的机械系统。感受系统由内部传感器和外部传感器组成，可以获取内部和外部环境状态的信息。机器人—环境交互系统是实现工业机器人与外部环境中的设备相互联系和协调的系统。人—机交互系统是操作人员参与机器人控制与机器人进行联系的装置。控制系统根据机器人的作业指令程序以及从传感器反馈回来的信号，支配机器人的执行机构去完成规定的运动和功能。

我：机器人有哪些用途？

讲解员：机器人有着极为广阔的用途，在工业、农业、国防、交通、医疗、金融甚至体育、娱乐等行业都获得了广泛的应用，可以说已经深入社会生活、生产的方方面面（图 17-8—图 17-9）。

图 17-8　画像机器人　　　　图 17-9　浇花机器人

在工厂矿山一些有危险或人眼难以观察的场合，用机器人替代工人，可以提高作业的安全性；电焊、油漆、电视装配、飞机钻孔、采煤、搬运等工作中，到处都有机器人的身影（图 17-10）。在农村，机器人种植庄稼、灌溉田地、采摘水果、挤牛奶、剪羊毛、喂牲畜，甚至植树造林，它们什么农活都能干。在太空，机器人登上月球，揭开了月球神秘的面纱；飞上火星，探测火星上有无生命存在。在海洋，机器人寻宝藏，为人类开

图 17-10　一种
焊接工业机器人

图 17 - 11　智能扫地机器人

发海洋资源。在家庭，机器人担当起日常生活服务，替人们去干那些人们不愿干或干不了、干不好的工作。例如，智能机器人在现代家庭里，可以扫地、拖地、娱乐、陪聊、辅导孩子等（图17 - 11）。现实生活中机器人无处不在，在人们的生活中起着重要的作用，并已经完全融入了人们的生活，为人类造福。比尔·盖茨曾预言：家用机器人很快将席卷全球。

在未来的几十年里，机器人将逐渐扩展到工业和科研之外的领域，进入日常生活，这与计算机在 20 世纪 80 年代开始逐渐普及到家庭的情况类似。

听完讲解员的一般性介绍，我走向一台智能机器人，它老远就"看到"我了，向我招手，嘴里说着："您好！"我听了非常高兴。我迎上去，它立即伸出手来，微笑着和我握手，用清脆的声音，热情地说道："欢迎光临。"

我：它是怎样看到我的？

讲解员：机器人有"眼睛"！人的眼睛是感觉之窗，视觉是自然界生物获取信息的最有效手段，人类 80% 的信息都是依靠视觉获取的，能否造出"人工眼"，让机器也能像人那样看东西呢？基于这一思想，研究人员开始为机器人安装"眼睛"，使得机器人跟人类一样通过"看"获取外界信息，这就是机器人视觉，广义上称为机器视觉，其基本原理与计算机视觉类似。

机器人视觉系统是使机器人具有视觉感知功能的系统，可以通过传感器和计算机来对外部环境进行测量、识别和判断。

所谓视觉系统，说得通俗些，就是一台摄像机接一台计算机，摄像机担任获取图像任务，计算机则用来完成视觉处理工作（图17-12）。

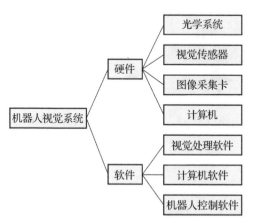

图17-12 机器人视觉系统组成

机器人视觉系统的硬件由光学系统、视觉传感器、图像采集卡、计算机组成。光学系统指的是照明光源、镜头等；机器人常用的视觉传感器为摄像机或工业相机，内含有光电二极管与CCD图像传感器、CMOS图像传感器以及其他的摄像元件；图像采集卡实质上是模—数（A/D）转换器，其接收模拟视频信号并通过A/D转换器将其数字化。近几年来由于科技的迅猛发展，图像采集卡这种模拟信号转数字信号的形式已渐渐被工业数字摄像机所代替，数字摄像机直接输出数字视频（图17-13）。

我：讲解员，我听到在机器人视觉系统中也有光电成像器件CCD和CMOS的身影，我很感兴趣，请问CCD视觉传感器在机器人中是如何发挥作用的呢？

讲解员：从功能上看，典型的机器人视觉系统可以分为图像获取部分、图像处理部分和运动控制部分（图17-14）。

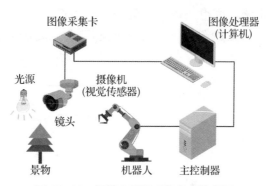

图 17‐13　机器人视觉系统组成示意图

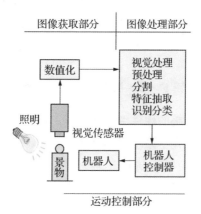

图 17‐14　工业机器人视觉系统功能示意图

图像获取部分利用视觉传感器把景物的光信号转换成电信号。现在，CCD/CMOS 摄像机已成为机器人视觉的主要传感器。

图像处理通常包括预处理、分割、特征抽取和识别分类。将模拟图像信号输入计算机，应用模拟—数字转换器把模拟图像信号数字化，变成数字图像信息，存入计算机，然后利用视觉系统软件和专用电路来处理和识别这些图像信息。

运动控制是指将经过处理的图像信息输入机器人控制器，对机器人进行控制，使机器人按控制指令运动。

　　具体说来，机器人首先利用视觉传感器（如 CCD 摄像机）获得立体物体的平面图像，如果要获得立体图像，则同时采用两个成一定夹角的视觉传感器，通过计算来获取它的三维立体图像信息。某些情况必须采用彩色 CCD 摄像机，不过大多数工业机器人仅需要黑白 CCD 摄像机。然后，通过视觉处理器对一幅或多幅图像进行处理、分析和解释，得到有关物体特征的描述，或者获得测量结果，为特定的任务提供有用的信息，从而指导机器人的动作。

　　近几十年来，"机器人"的研制日新月异，发展很快，目前已研制出形形色色的机器人。

　　听完讲解员的介绍，我很有感触，原来我情有独钟的光电成像器件 CCD/CMOS 在机器人中也有重要作用，我由衷地高兴，不禁赞叹：光电成像器件的确是无处不在的眼睛。

第 18 章

CCD 用于人脸识别

——赞校园人脸识别门禁——

你有一双慧眼，

把来人仔细观看。

寻找记忆中似曾相识，

显示屏瞬间出现人脸。

为何识别如此精准，

只因电脑神机妙算。

你友好地开启闸机，

请他进入校园。

获取人脸信息

摄像头

人脸识别闸机

有一天，我到学校去，走到校门口，见竖起了一排通道闸，有的人在显示屏前一站，闸机打开了，人就进去了，可是有的人，却被拒之门外（图18-1）。我问门口的保安这是怎么回事，他回答说，这是刚装的人脸识别通道闸，只有拿身份证去校园卡管理中心做过人脸信息采集后，才可"刷脸"放行，自助通过闸机，否则，闸门是不开的。我再问这种装置是什么原理，构造如何。他说，几句话说不清楚，我也没有时间给你解释，还是另请高明吧！后来我到人工智能学院，向一位董姓高工咨询人脸识别

图18-1 人脸识别通道闸

是怎么一回事，他给我详细介绍了人脸识别的来龙去脉，下面是我与董高工的对话。

董高工，可以请您讲讲人脸识别吗？

我

当然可以。

董高工

我：人脸识别是新生事物，请解释一下什么是人脸识别。

董高工：人脸识别，是基于人的脸部特征信息进行身份识别的一种生物特征识别技术。识别过程先使用摄像机或摄像头采集含有人脸的图像，计算机将收集到的人脸信息进行脸部检测、定位，随后对人脸特征信息进行解读与分析，进而与数据库中已有信息进行对比，最后判断匹配或不匹配，从而识别身份。

人脸识别从原理上看主要有两种方式：一种是将未知身份的人脸目标与相关系统图像数据库中已经有的图像进行比较，通过辨别之后确定未知目标的身份；另一种是用一个目标人脸来辨别一个或者多个待识别的人脸，从而判断待识别人脸是不是已知目标人脸。

人脸识别系统的研究可以追溯到 20 世纪 50 年代，80 年代后随着计算机技术和光学成像技术的进步得到很大的发展，并进入了实际应用阶段。自 20 世纪 90 年代后期以来，一些商业性的人脸识别系统逐渐进入市场。近几年来人脸识别作为计算机安全技术在全球范围内迅速发展起来。

我：请谈谈人脸识别系统的组成。

董高工：人脸识别系统主要组成包括人脸图像采集及检测、人脸图像预处理、人脸图像特征提取以及人脸图像匹配与识别（图 18 - 2）。

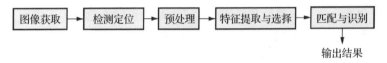

图像获取 → 检测定位 → 预处理 → 特征提取与选择 → 匹配与识别 → 输出结果

图 18 - 2　人脸识别系统组成框图

　　人脸图像采集用摄像机或摄像头将人脸图像采集下来，既可以是静态图像，也可以是动态图像。只要在采集设备的拍摄范围内，采集设备会自动搜索并拍摄用户的人脸图像。

　　作为获取人脸图像采集的传感器，位于人脸识别系统的最前端，其输出的质量和可靠性对整个系统至关重要。摄像机很多技术参数影响视频图像的质量，比如感光元件的性能、DSP（数字信号处理）的处理速度、内置图像处理芯片的性能等，同时摄像机内置的一些设置参数也将影响图像质量，如曝光时间、光圈、动态白平衡等。总之，摄像头的性能必须适应系统工作的要求。

　　我：为什么要对人脸图像做预处理呢？

　　董高工：因为获取的原始图像由于受到各种条件的限制和随机干扰，往往不能直接使用，必须在图像处理初期对它进行噪声过滤、灰度校正等图像预处理。对于人脸图像，预处理过程主要是人脸图像的光线补偿、灰度变换、几何校正、滤波以及锐化等。

　　我：人脸图像特征提取是什么意思？

　　董高工：是从预处理的人脸图像中提取每个人脸所蕴含的身份特征。人脸特征提取，也称人脸表征。提取人脸特征是有较高技术难度的，因为人脸特征的提取受到光照、表情、角度等因素的影响，具有较大的不确定性。现有人脸特征提取的方法归纳起来分为两大类：一种是基于知识的表征方法；另外一种是基于代数特征或统计学习的表征方法。这些涉及比较高深的数学原理和数学模型，就不多讲了。

我：人脸图像怎样匹配与识别？

董高工：人脸图像的匹配与识别，是通过将提取的人脸图像的特征数据与数据库中存储的特征模板进行搜索匹配实现的，即将待识别的人脸特征与已得到的人脸特征模板进行比较，根据相似程度对人脸的身份信息进行判断。这一过程可分为两类：一类是确认，即一对一进行图像比较的过程；另一类是辨认，即一对多进行图像匹配对比的过程（图18-3）。

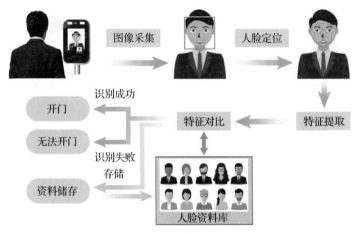

图 18-3　人脸识别门禁系统方案

我：人脸识别有哪些优越性呢？

董高工：人脸识别是生物特征识别的一个重要方法，与其他生物识别技术如指纹识别、虹膜识别、掌静脉识别相比，人脸识别拥有更多的优势。

首先是便捷性，人脸信息的采集无需专用的设备，采用摄像头等设备即可获取人脸图像。

其次是非接触性，不需要直接接触就能通过设备获取人脸图像。

　　再次，图像采集设备成本低，目前中低档的 CCD/CMOS 摄像头价格已经非常低廉，基本成为标准的外设，极大地扩展了其使用空间；另外，数码相机、数码摄像机和照片扫描仪等摄像设备在普通家庭日益普及，进一步增加了其可用性。

　　最后是并发性，在实际应用场景下可以进行多个人脸的分拣、判断及识别。

　　除此之外，还有操作简单、结果直观、隐蔽性好等特点，特别适合用于安全防范与秘密监控等方面的工作。

　　我：人脸识别是不是很神秘？

　　董高工：人脸识别看起来很深奥，但它并不神秘和陌生，其实你每天都会被人脸识别。例如，现在有些安防监控的摄像头就有人脸追踪和身份识别的功能。还有，大家平时使用的数码相机很多都带有人脸自动对焦功能。数码相机根据人的头部进行判定，首先确定头部，用方框提示出来，然后判断眼睛和嘴巴等头部特征，通过特征库的比对，确认是人面部，完成面部捕捉；然后以人脸为焦点进行自动对焦，这样可以提升拍出照片的清晰度。这些应用，都是基于人脸识别技术实现的。

　　我：人脸识别可以用在什么地方？

　　董高工：人脸识别产品已广泛应用于金融、司法、军事、公安、边检、政府、航天、电力、工厂、教育、医疗等领域。随着技术的进一步成熟和社会认同度的提高，人脸识别技术将应用在更多的领域。在人们的日常生活中，人脸识别技术甚至应用到娱乐领域，例如电视台将人脸识别用在"相亲节目"中。IT 行业还出现了"人脸识别"笔记本电脑，可以将机主的脸部图像转化成一组独一无二的数字生物密码，这种加密模式保障了用户信息的安全。

　　我：请具体解释一下校门口的人脸识别通道闸。

　　董高工：你在校门口看到的通道闸是人脸识别设备的一种。

人脸识别通道闸又称作人脸识别门禁系统，就是把人脸识别技术和门禁系统结合，通过对人脸的识别作为门禁是否开启的判断。它不仅免去了人们忘带钥匙或卡的烦恼，同时因为人脸识别门禁系统无需任何介质开门，也节省了不少成本，如人员变动不需要更换门锁、钥匙、IC卡等，只需要重新对人脸进行注册即可。

　　人脸识别闸机由人脸识别闸机头以及闸机两个部分组成。闸机头里有摄像机或摄像头以及显示屏等（图18-4），闸机有翼闸或三轴辊等多种形式（图18-5）。人脸识别闸机与单独使用的闸机不同的地方是，除了可以刷卡或二维码开闸之外，还可以通过人脸识别（刷脸）开闸，从而提升了安保力度。

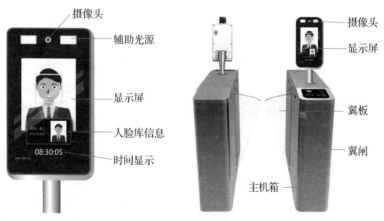

图18-4　校园人脸识别闸机头　　　**图18-5　人脸识别闸机翼闸**

　　咱们校门口的通道闸人脸识别过程，说得通俗点一般分三步：首先用摄像机采集单位人员的人脸的面像文件或取他们的照片形成面像文件，建立人脸的面像档案，并在数据库中贮存起来；其次用摄像机拍摄当前出入人员的面像，获取当前的人体面像，并将当前的面像文件生成面纹编码；最后用当前的面纹编码与档案库存的编码进行比对，匹配成功，给道闸的闸机一个打开信号，开启人行通道的闸机。

我：您对人脸识别系统有何评价？

董高工：前面介绍了人脸识别门禁系统的一般知识，人脸识别系统有优势，也有不足之处和存在的问题。虽然目前人脸识别率可以达到 90％以上，但遗憾的是，人脸识别的效果未能完全达到人们的期望。而且，人脸识别技术并非万能，还会受到很多因素的影响。比如人脸本身的变化，如年龄、表情、化妆、整容、眼镜、围巾等带来的。另外，摄像头在捕获信息时，光照条件、角度不同也会影响到人脸识别的精度。传统的二维人脸识别方法受到光照、表情、姿态等方面的制约，使其在不可控条件下的感知识别性能急剧下降，因此越来越多的科技人员着手开发三维人脸识别系统。此外，有关人脸识别所涉及的隐私和道德问题也备受争议，这需要法律来解决。

人脸自动识别技术已取得了很大的成就，并具有光明的应用前景，如在国家安全、军事和公共安全领域，用于智能门禁、智能视频监控、公安布控、海关身份验证、司机驾照验证等；在民事和经济领域，用于各类银行卡、金融卡、信用卡、储蓄卡持卡人的身份验证、社会保险人的身份验证等；在家庭娱乐领域，用于智能玩具、家政机器人识别主人身份等。

目前，在人脸自动识别技术的实际应用中仍然存在困难，我们不仅需要准确、快速地检测并分割出人脸部分，而且需要有效的变化补偿、特征描述和准确的分类，为此还需要很大的努力。现在看来，三维人脸识别模型可以处理多种变化因素，具有很好的发展前景。但是，三维人脸识别算法的选取还处于探索阶段，需要在原有传统识别算法的基础上改进和创新。

第 19 章

CCD 视觉检测系统

——视觉检测赞——

你有锐敏的双眼，

像威严的检察官。

各种缺陷与瑕疵，

休想躲过这一关。

采集图像信号传，

图像卡里模数变。

计算机里辨优劣，

优质产品人称赞。

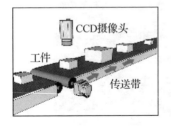

为了解 CCD 视觉检测系统的应用，我特地参观了某厂电子产品生产线，与该厂徐总有一次对话。

我

徐总，我对CCD视觉系统很感兴趣，想请您讲讲。

好的。

徐总

我：徐总，请您先介绍一下 CCD 视觉系统。

徐总：话说当今科学技术，发展迅速，一日千里。CCD 视觉系统也随着科技的发展取得了长足的进步。CCD 视觉系统的发展历经四代：从模拟时代，到数字时代，再到网络时代，直到目前的智能时代。CCD 视觉系统又称机器视觉系统，是指通过图像摄取装置，例如 CCD 或 CMOS 摄像机，将被摄取目标转换成图像信号，传送给专用的图像处理系统，再转变成数字化信号；图像系统对这些信号进行各种运算来抽取目标特征并进行判别，进而根据判别结果来控制现场设备的动作。

所谓 CCD 视觉系统，通俗地说，就是用 CCD 摄像机代替人眼睛去完成识别、测量和判断等功能。CCD 视觉系统的一项重要用途是 CCD 视觉检测。

我：什么是 CCD 视觉检测系统？

徐总：大家都知道，在生产线上目视检验工业品是很吃力且容易漏检的活儿，人极易疲劳和出错。就拿电子产品来说吧，随着电子产品（例如芯片）向着高密度、细间距和低缺陷方向发展，对其检测技术在精密、高效、通用和智能化等方向提出了更高的要求。而 CCD 视觉检验技术是以光学为基础，集光电技术、数字图像技术、信息处理及计算机视觉技术等于一体的现代检测技术，可以满足电子产品检测这一需求。

CCD 视觉检测技术作为一种全新高效的非接触式检测技术，具有高分辨精度、高效率、高稳定性，以及与被检测对象无接触的特点。在检测缺陷和防止缺陷产品流出方面有重要意义。在大批量工业生产过程中，用人工视觉检查产品质量效率低且精度不高，用 CCD 检测技术可以大大提高生产效率和生产的自动化程度。

CCD 视觉检验的基本原理是对被检验对象区域用 CCD 或 CMOS 摄像机进行成像，然后结合其图像信息，利用图像处理软件进行处理。根据处理结果判断检测对象的位置、尺寸、外观信息，并依据人为预先设定的标准进行合格与否的判断，最后输出其判断信息给执行机构。

通常，系统由光学系统（包括照明系统、成像系统、光学补偿系统）、面阵 CCD 接受系统、图像卡、监视器、计算机接口及计算机等组成。CCD 视觉检测设备的基本组成部分主要包括：光源、待检测物、CCD 摄像机、图像采集卡、计算机（包含图像处理软件）以及输出设备（图 19 - 1）。

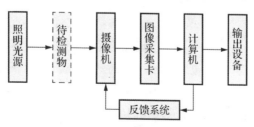

图 19 - 1　CCD 视觉检测系统构成框图

我：CCD 视觉检测设备有哪些应用呢？

徐总：例如，在工业部门，用于零件的识别与定位，零件尺寸的在线测量，零件外观及内部缺陷的检测，产品标识、编码识别，产品分类、分组，等等。在农业上，用于农产品质量检验，农产品分级。在交通管理上，用于车辆识别、牌照识别、车型判断、车辆监视、交通流量监测等。在机器人导航方面，可用于目标识别、道路识别、障碍物判断、主动导航、自动视觉导航、无人驾驶汽车、无人驾驶飞机等。在生物医学领域用于医学临床诊断（X 射线、CT、核磁共振）和自动检测（染色体切片，细胞个数统计）等。用途繁多。

在众多应用中，CCD 视觉检测设备在零件检测中的应用算

图 19-2　一种 CCD 视觉检测设备实物图

是最常见和最典型的（图 19-2）。例如，电子元器件制造领域（电阻器、电容器、电感器等外观缺陷检测）、电池制造领域（电池类产品异物、划痕、压痕、喷码不良、字符模糊等外观缺陷检测）、印刷电路板制造领域（印刷电路板产品外形、尺寸、管脚和贴片检测，以及焊点、方向错误等完整性检测）、精密部件制造领域（螺丝、轴承、齿轮等精密部件的长宽高、直径等尺寸测量，划伤、划痕、缺损等表面缺陷检测）、医药包装领域（医药塑料瓶、玻璃瓶的长度、高度、直径等尺寸测量，破损缺陷检测）等（图 19-3）。可以说 CCD 视觉检测设备已经深入我们生活、生产的方方面面。

我：徐总，能不能举个应用 CCD 视觉检测设备的例子？

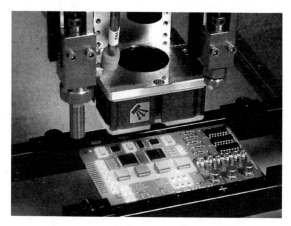

图 19‑3　CCD 视觉检测设备检查印刷电路板

徐总：好的，现在就介绍一个基于 CCD 图像处理的焊缝自动跟踪系统，这是一项 CCD 视觉系统的智能化应用。

您知道，在危险或人眼难以观察的场合，用机器人替代工人，可以提高作业的安全性和准确性。众所周知，焊接是制造业中的重要加工工艺，现代化工业对生产效率和焊接质量提出了更高的要求，所以实现焊接的自动化和智能化已经成为目前研究的热点。其中，焊缝跟踪是指导焊接机器人作业的关键技术，先进的焊缝跟踪技术可以改善焊接质量，提高操作的安全性和经济性。

我：徐总，我久慕这项先进工艺，但未能亲眼见，请您介绍一下焊缝识别技术。

徐总：在焊接自动化系统中，使焊枪同步跟踪焊缝是系统的关键问题，而焊缝识别是实现焊缝跟踪的重要前提。焊缝识别的目的是要提取出焊缝的特征信息和确定焊缝中心线的具体坐标，并将坐标值作为指令信号提供给焊接机器人，以确定焊枪的工作位置。

　　基于图像处理的焊缝识别技术是目前简捷有效的方法。这种焊缝自动跟踪系统主要由 CCD 摄像机与步进电机等部件构成，在焊接的过程中，CCD 摄像机用来摄取焊接点前焊缝图像，识别焊件表面的坡口信息；通过采集卡把图像采集到内存，进行图像处理，获得焊缝与焊枪的偏差量；再经由上位机向 PLC（可编程逻辑控制器）发送控制信号，由步进电机带动十字滑板左右摆动，进行精确的焊缝自动跟踪（图 19 - 4—图 19 - 5）。

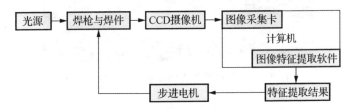

图 19 - 4　焊缝自动跟踪系统组成框图

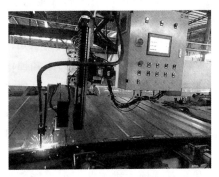

图 19 - 5　一款自动化焊接专机焊缝跟踪系统实物图

　　焊缝自动跟踪系统使用 CCD 视觉系统进行焊缝跟踪，而且能在自动跟踪焊缝的过程中同时对焊接质量进行实时控制，实现智能化焊接。

　　CCD 视觉系统在焊缝跟踪自动化系统中，已成功地应用于平面的焊缝跟踪，在未来的发展趋势中，运用 CCD 摄像机在进行船体、储气罐等复杂几何形状、三维几何形状的焊接跟踪实时控制中，更易于实现焊接实时控制，而且对实现任意形状的焊缝实时跟踪，这将起到更重要的作用。

 知识链接

PLC（可编程逻辑控制器）

可编程逻辑控制器（Programmable Logic Controller，PLC）是一种用于自动化控制的数字运算控制器，它采用一种可编程的存储器，在其内部存储执行逻辑运算、顺序控制、定时、计数和算术运算等操作的指令，通过数字式或模拟式的输入输出来控制各种类型的机械设备或生产过程。实质上PLC是一种专用于工业控制的计算机，其硬件结构基本上与微型计算机相同。

第 20 章

航 拍 无 人 机

—— 无人机赞 ——

无人驾驶飞机妙，

电波操纵冲云霄。

身携高清摄像头，

扫描目标传信号。

助力中国现代化，

它的用处真不少。

中华科技显神功，

频向祖国传捷报。

无人机是当前热门话题，无人机的应用估计大家在日常生活中也见过不少，而且知道无人机是无人驾驶航空器的简称，英文缩写为 UAV，是一种通过远程操作指挥，让其自主飞行的航空器。无人机是一个神奇的东西，在苍茫的天空中俯瞰大地，在人类无法涉足的地方窥探奥秘。近年来，国内外无人机相关技术呈现跃迁式的飞速发展，无人机种类繁多，用途广泛，特点鲜明，可以替代人完成空中作业。我以极大的兴趣和渴望的心情，拜访了南京航空航天大学的陈教授，希望她介绍一下无人机的概况。下面是我与陈教授的对话。

陈教授，可以请您向我介绍一下无人机吗？

我

当然可以。

陈教授

我：陈教授，听说您是国内最早研制无人机的专家，20 多年前曾经看过您的无人机表演，麻烦您，可否向我介绍无人机的有关情况。

陈教授：通俗地说，无人机就是无人驾驶的飞机。说起无人机的历史，也有一百多年了。无人机的出现可以追溯到第一次世界大战时期。1914 年，英国的卡德尔和皮切尔两位将军提出研制一种不用人驾驶而用无线电操纵的小型飞机，该建议得到了认可并开始实施。1917—1918 年，英国与德国先后成功研制出遥控无人飞机。这些可以说是遥控无人机的先驱。

我：陈教授，无人机有哪些类型呢？

陈教授：无人机系统种类繁多，按构型分类，无人机可分为固定翼无人机、旋翼无人机、无人飞艇、伞翼无人机、扑翼无人机等（图 20‑1）。

(a) 旋翼无人机　(b) 伞翼无人机　(c) 固定翼无人机

(d) 扑翼无人机　(e) 无人飞艇　(f) 无人直升机

图 20‑1　各种无人机

按用途分类，无人机可分为军用无人机、民用无人机和消费类无人机。军用无人机可分为侦察无人机、电子对抗无人机、通信中继无人机、无人战斗机以及靶机等；民用无人机可分为巡查/监视无人机、农用无人机、气象无人机、勘探无人机、航拍无人机以及测绘无人机等（图 20‑2）。

我：请您介绍一下，无人机可运用于哪些方面？

陈教授：无人机可运用于人类生活的方方面面，在军事上的应用暂且不论，先说无人机在民用领域的应用。由于无人机具有运行成本低、无人员伤亡风险、机动性能好、使用方便、安全高效等特点，越来越多的行业正在和希望用无人机取代传统的工作方式。例如，可以利用携带摄像机装置的无人机，开展大规模航拍，实现空中俯瞰的效果，以进行街景拍摄和监控巡查。利用装配有高清数码摄像机和照相机以及 GPS 定位系统的无人机，可

(a) 桥梁巡查无人机

(b) 农用无人机

(c) 航拍无人机

(d) 电力巡查无人机

图 20‑2 各种民用无人机

沿电网进行定位自主巡航，实时传送拍摄影像，监控人员可在电脑上同步收看与操控，以完成电力巡检。无人机利用自己的专长和优势参与城市交通管理，可进行实况监视、交通流的调控，缓解城市的交通拥堵，确保交通畅通，应对突发交通事件，实施紧急救援。在环保领域可进行环境监测、环境执法。环监部门利用搭载了采集与分析设备的无人机进行环境治理，甚至可以在一定区域内消除雾霾。无人机可实现小件货物的配送，方法是将收件人的地址录入系统，无人机即可起飞前往送达。无人机搭载高清摄像机，在无线遥控的情况下，可根据节目拍摄需求，从空中进行拍摄。利用搭载了高清拍摄装置的无人机，可对受灾地区进行航拍，提供灾情的最新影像。此外，无人机还可应用于国土资源调查、土地调查执法、矿产资源开发、森林防火监测、防汛抗旱、警情消防监控等。

  我：您谈了无人机那么多用处，它何以有这么大本领？它的结构是什么？

　　陈教授： 无人机的一般结构，由五大部分组成。无人机的机身是指无人机的主要骨架。动力系统由螺旋桨、电机、电子调速器和动力电源组成。电机带动螺旋桨旋转，从而产生推力；电子调速器根据控制信号调节电动机的转速；动力电源为无人机提供能量，通常采用化学电池来作为电动无人机的动力电源。飞行控制系统又称为飞行管理和控制系统，是无人机的大脑。它的工作流程是先接收地面遥控器的指令，然后将这些指令分发到无人机各个控制模块上，使无人机可以在空中完美地执行任务命令。链路系统就是平常所说的天线，其主要作用是传输数据，是无人机和遥控器之间沟通的桥梁，完成无人机对信息的接收和反馈。在航拍无人机上所说的任务载荷多指摄像头，在其他领域还可以是雷达、激光、导弹等。航拍无人机的载荷一般包含摄像机、云台和图传系统。云台常用的有二轴和三轴云台，以作为相机和摄影机的增稳设备。图传系统将无人机在空中拍摄的视频以无线的方式实时传送到地面遥控器显示端上（图 20 - 3）。

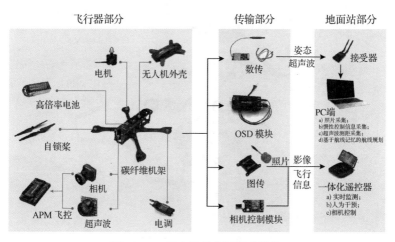

图 20 - 3　无人机的主要组成部分

我：陈教授，您介绍得很好，使我顿开茅塞，谢谢您！我最感兴趣的是航拍无人机，尤其是它上面的视觉系统，也就是无人机的摄像器件，这方面能不能请您介绍一下。

陈教授：我知道您过去是搞遥感的，当然对航拍无人机感兴趣。近年来，无人机在航空摄影中的应用迅速增长，如今市面上已经出现了各种无人机产品，从小型的消费级机型到复杂的商业应用飞机，都有售。航拍无人机是以无人驾驶飞机作为空中平台，以机载遥感设备获取信息，用计算机对图像信息进行处理，并按照一定精度要求制作成图像。小型轻便、低噪节能、高效机动、影像清晰、智能化是航拍无人机的突出特点。

无人机的摄像系统包括摄像头、云台和无线电通信系统。无人机摄像头安装在云台合适位置，将摄像头采集的视频信号传输到图传信号发送器，然后由图传信号传送到地面的接收系统，再由接收系统传输到显示设备上，操控者就能实时地监控到无人机的航拍图像（图 20 - 4）。

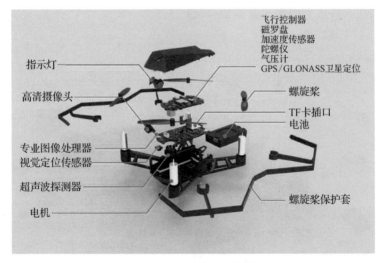

图 20 - 4 无人机解剖图

由于航拍摄像头在一些特殊场合应用，所以对摄像头的功能要求也更加严苛。因此选取适合的摄像头，对于航拍的效果非常重要。有时无人机航拍摄像头在天阴雨湿的环境中拍摄，难免会出现起雾的情况，这时就需要航拍摄像头具备透雾功用，即使在雾气茫茫的环境中也能拍出较为明晰的画面。再者，当光照条件常常变换的情况下，摄像头也应能拍出优质的画面。无人机摄像头既可用 CMOS 固体图像传感器，也可用 CCD，不过目前用 CMOS 的居多。

摄像头固然重要，然而航拍无人机云台可说是整个航拍系统中最重要的部件之一，航拍图像是否稳定，就要看云台的表现如何。有人说，核心技术不在相机，也不在镜头上，而是云台。云台一般会内置有两组电机，分别负责云台的上下摆动和左右摇动，让架设在云台上的摄像头可保持旋转轴不变，减少摄像头晃动，增加画质的清晰度，实现高分辨率影像的采集（图 20-5—图 20-8）。

图 20-5　摄像头云台　　　图 20-6　三轴防抖云台摄像头模组

我：陈教授，请您谈谈无人机未来的发展。

陈教授：这个题目太大，我只能就某些方面，谈一点自己的看法。

图 20－7　无人机装载的摄像头云台

图 20－8　载有摄像机模组的航拍无人机升入蓝天在工作

　　今后无人机技术在各行各业中应用越来越广泛。未来无人机技术将呈现出多用途、智能化、微型化的发展趋势。无人机硬件水平将会继续提升，高效的动力系统为无人机提供充足的动力源，加之无人机更加轻巧的外形将会减少电量消耗，从而增强无人机续航能力。未来民用无人机的发展方向为空中机器人，用无人机技术去改良地面作业。随着无人机技术更加成熟，未来无人机会开发出更多新功能，服务我们的生活。总而言之，我认为无人机有广阔的发展前景。

第 21 章

汽车电子后视镜

—— 赞电子后视镜 ——

道路不断延伸，

汽车飞驶向前。

无需左右顾盼，

屏上一目了然。

最近从报上看到一篇报道，称电子后视镜或将取代传统后视镜，引起了我极大的兴趣。光电子成像器件——摄像头的用途又有了拓展，将用在汽车上，我情有独钟的 CCD 固体图像传感器，又跨进了汽车行业。通过记者我联系上省工商联汽车销售商会会长，通过视频连线，我向他请教了电子后视镜的问题，下面是我俩的对话。

会长，不好意思，想请教您几个问题。

我

您说吧！什么问题？

会长

我：会长，我听说 2022 年年末，国家标准号为 GB 15084 - 2022 的《机动车辆　间接视野装置　性能和安装要求》发布了，于 2023 年 7 月 1 日正式实施。新国标中，最大的亮点就是电子后视镜可以取代传统后视镜，应用于汽车市场。能不能介绍一下汽车后视镜的前世今生？

会长：对于汽车后视镜大家不会陌生，凡是开车的人必然会使用汽车后视镜。一直以来，它就像驾驶员车外的"眼睛"一样，辅助安全驾驶。可是又有多少人知道汽车后视镜的来历？这事说来话长。

据说玻璃后视镜的出现源于汽车赛事，英国女赛车手多萝西·莱维特（D. Levitt）在她 1909 年出版的《女人和汽车》

（*The Woman and the Car*）一书中，最早提出用镜子给汽车做后视镜的设想，但由于当时汽车工业尚处于发展的初期阶段，这项建议并没有被汽车制造厂采纳（图21-1）。1911年，美国的工程师兼赛车手雷·哈罗恩（R. Harroun）在自己的赛车上安装了用镜子做成的简易后视装置，这也许是受到多萝西·莱维特设想的启发。1914年，首个后视镜专利注册，这项专利是美国人切斯特·威德（C. A. Weed）设计的（图21-2）。直到1921年，一位名叫埃尔默·伯杰（E. Berger）的美国发明家获得了后视镜的专利，并在自己的公司批量生产，后视镜才算是正式进入大众视野。

图21-1　英国女赛车手多萝西·莱维特

图21-2　切斯特·威德

　　起初，后视镜只安装在驾驶员一侧，并且是由圆形平面镜构成（图21-3）。但汽车只有一个"耳朵"不大美观，而且这样也看不到另一侧的路况，不久之后，两侧均安装后视镜的"标准"便应运而生，并且受到了人们的欢迎。

图21-3　早期圆形的后视镜

汽车后视镜经过数百项专利改造，一直在不断演变和发展。现在后视镜已经成为日常驾驶的必备工具，可以说是驾驶员的眼睛。后视镜的发展已走过了百年的历程，不过，传统的后视镜依然存在着某些缺点，例如视野盲区大，增加了风阻和风噪，易被后车的远光灯刺眼，易受雨雪天气的扰动等。这些问题影响了驾驶员对后方路况和车辆行驶状态的判断，所以各大汽车厂商都在考虑用影像系统代替传统后视镜。

直到 1956 年，车载摄像头的概念首次出现，不过因当时摄像技术仍未成熟，成本昂贵，车载摄像头在相当长的时间内并未被认可和采用。直到 1991 年，第一款搭载车载摄像头的商用汽车才诞生。

后视镜的电子化或许是汽车进化升级过程中的历史必然。随着汽车电子和传感器技术的不断发展成熟，传统后视镜将会逐渐退出历史舞台，并由电子后视镜取而代之。

我：会长，您讲的汽车后视镜发展脉络很清楚，很好，能不能重点谈谈电子后视镜是怎么回事？

会长：所谓电子后视镜，其实是用摄像头与监视器的组合来取代传统的光学外后视镜。外部摄像头采集图像并加以处理后，显示在座舱内的显示屏中。与传统后视镜不同的是，电子后视镜是"装在车内的显示屏"，驾驶人可以通过电子成像系统，在显示器屏幕上观察后车情况。相比之下，传统后视镜存在的视角盲区、视野受限等问题，在电子后视镜使用中不复存在。其实，电子后视镜和视频监控系统类似，就是一种简单的光电成像系统。

我：会长，这种光电成像系统如何构成呢？

会长：电子后视镜的整体系统是由高清摄像头、图像处理器、显示屏等主要部件组成（图 21-4）。先由车外的摄像头捕捉图像，再经图像处理器将处理后的画面显示到车内显示屏上（图 21-5）。

图 21-4　电子后视镜系统示意图

图 21-5　电子后视镜系统

　　电子后视镜是摄像头与监视器的组合。先说摄像头，对于摄像头大家都很熟悉了，它装有可电动或手动调节的镜头，其内部装有 CCD 或 CMOS 图像传感器芯片（图 21-6）。CMOS 和 CCD 在技术和性能上有差距，通常 CCD 效果好一些。有的汽车电子后视镜系统采用了 3 个高清摄像头，通过 3 个摄像头的影像合成出来的图像可以看到车辆的位置、车辆后方的情况以及车辆两侧车道的情况（图 21-7）。

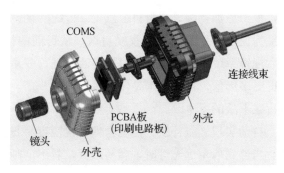

图 21-6　车用摄像头示意图

图 21 - 7　3 个摄像头的影像合成出来的图像

图 21 - 8　7 寸高清
四分割触摸屏显示器

后视镜显示器种类很多，主要有 LCD（液晶显示器）和 OLED（有机发光二极管显示器）两种。从操作类型上看也有两种：一是电容式触摸屏显示器（图 21 - 8），触摸后反应非常灵敏；二是普通按钮式后视镜显示器。

我：会长，请分析一下电子后视镜的优点。

会长：电子后视镜的优势大致有如下几点。

第一，视野更加宽阔、视野盲区减少。传统后视镜视线是有盲区的，最为突出的就是大货车视线盲区，从目前的技术来看，使用电子后视镜系统，通过摄像头对车身四周进行多角度实时拍摄，可获得更多影像，可视范围是传统后视镜的 3 倍，可以有效避免车辆盲区事故的发生。

第二，自动实现光线补偿。传统物理后视镜容易积尘，光线透过率低，当遇到后车远光灯时，容易炫目，看不清晰。在恶劣天气下或者夜晚能见度较低的情况下，电子后视镜通过科技可以提高光线较差环境下的能见度，通过自己调节、补光等功能，确保不管在任何环境和条件下，都能更为清晰地放大视野，确保安全行驶。

第三，有效降低风阻和风噪。相比于传统后视镜，电子后视镜的迎风面积和体积更小，可以有效降低风阻与风噪，降低油耗。尤其是在高速上，风阻会明显减少。

不过，目前电子后视镜也面临一些难题，首先是成本较高。相比于传统后视镜，电子后视镜使得一般购车成本会额外增加，无疑增加了消费者的经济负担。此外，电子后视镜的维修成本也高。其次是可靠性问题。电子后视镜可能会遇到系统死机、显示屏黑屏的问题，一旦出现故障，对行车是极大的安全隐患。最后是显示延迟。由于硬件设备和图像处理能力限制，处理需要时间，便会造成视频画面延迟，从而影响驾驶安全。此外，还有其他一些安全方面的顾虑与担心。

由于这些问题，电子后视镜目前难以普及。以后需要在降低产品成本，提升稳定性、安全性，提高用户接受度等方面继续加强，待这些难点解决后消费者才可放心购买。

我：会长，请您谈谈电子后视镜的未来发展。

会长：这个问题很难，只能讲讲个人的看法。新生事物的出生和被认可都要经过磨难。同样，电子后视镜从概念产生到目前，有半个多世纪了，由于技术、器材、法律法规上的制约，仅在某些商用车上试装，始终没有为大众所接受。然而，由于它具有的众多优点，它还是有极大吸引力的。近年来，世界上许多著名汽车厂商都在跃跃欲试，电子外后视镜成为焦点；国内有些品牌也已做好准备。

随着电子外后视镜在全球各国开始逐步合法化，以及我国也于2023年7月1日允许搭载电子外后视镜车型上路，促使近期推出的不少新车或是概念车配备了电子外后视镜。从技术发展方向来看，目前应用电子后视镜已经成为汽车智能化发展的一个新趋势。

随着电子及传感器技术的发展成熟、法规政策的不断完善以及消费者认可度的日益提升，电子后视镜将有可能广泛应用在汽车产品上，逐步替代传统的镜面后视镜。

车载摄像头已朝数字化、高清影像以及应用多样化的方向发展，呈现出"百花齐放"景象，为智能汽车插上"想象的翅膀"。听到这些我由衷地高兴，我钟情的 CCD/CMOS 又将为汽车的智能化贡献力量、大展宏图了。

第 22 章

光 电 成 像 的 回 顾 与 展 望

漫谈到此，即将结束。掩卷深思，似乎言犹未尽，还想做个简短的总结，谈谈光电成像技术的过去、现在和未来。这个题目太大了，我不是专家，做此评论，恐自不量力，言不及义，无法概全。至于未来，谁能预料，在此只不过发表一点个人看法，仅此而已。

1. 什么是光电成像系统

首先我们要扩大光的概念，在现今高科技时代所论述的"光"，已不仅仅是裸眼看到的可见光，它应包括从高能粒子（α、β、γ射线）、X光、紫外线、可见光、红外线，以至短波、中波和长波的无线电波等电磁辐射。

光电技术是一门以光电子学为基础，将光学技术、电子技术、精密机械及计算机技术紧密结合的新技术，也就是说，是实现光机电算控一体化的技术，是获取光信息或借助光提取其他信息的重要手段。

光电子成像技术作为光电技术的重要组成部分，它以景物图像摄取、转换、增强、处理和显示为主要内容和表现形式。

现代光电子成像技术通过设计制造的高灵敏度、宽光谱的光电子成像器件及系统，弥补或克服人眼在空间、时间、灵敏度和光谱响应等方面存在的缺陷，把人类天生不能看见或不易看见的微弱光、红外光、紫外光、X光、γ光及其他电磁辐射景象变为可视光图像，在工业检测、军事光电对抗、红外探测、控制跟踪、测绘以及航天遥感、高速摄影、弱光探测、医疗诊断和生物研究等军用和民用领域，得到越来越广泛的应用。

一般说来，光电成像系统所涉及的图像信息流程可概括为光源、景物（光源照射的物体）、传输介质、光学系统（信号分析器)、光电摄像器件(信号变换器)、显示器和末端执行机构(例如人眼)等环节(图 22-1)。

图 22-1　光电成像系统基本组成

按光电子成像系统的工作模式可分为以下 3 类:

(1) 直视成像系统

光电子成像器件输出的图像通过目镜或放大镜,直接供人眼观察,例如各种观察镜、瞄准镜、夜视眼镜等。此类系统结构简单,携带方便,应用广泛。

(2) 电视摄录成像系统

成像过程:景物辐射到成像(摄像)器件光敏面,先生成电子图像,再生成视频信号,并转换为监视器上显示的可见光图像,供人们观察和分析。或者光电子成像器件本身就是视频器件(如 CCD、CMOS),它们直接提供视频图像,输出至电视显示器,再由人眼观看,或供计算机图像处理。系统的视频工作模式便于景物图像的优化处理、压缩存储和远距离传送。

(3) 电脑可视化重构系统

该系统不直接从光电子成像器件的输出端取得图像信号,而是根据测得的数据矩阵,按照被考察物理量与再现图像细节等参数建立数理模型,通过计算机重构出来一幅幅二维图像。例如,医用 CT 图像、核磁共振图像等。

2. 光电子成像器件

光电子成像器件是指能够输出图像信息的器件,是光电子成像系统的核心部件。作为各类装备的"眼睛",它们完成光电转换、倍增、处理和显示等功能。光电成像器件按波段可分为可见光、紫外及红外光光电成像器件。按工作方式可分为直视型成像器件和非直视型成像器件。直视型器件本身具有图像转换、增强和显示功能,这类器件主要由各个波段的变像管、微通道板和像增强器组成,这三种统称作像管。非直视型成像器件将可见光或辐射转换成视频电信号,这类器件主要由各种摄像器件、光机扫描成像器件等组成(图 22 - 2)。

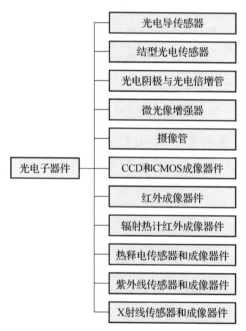

光电导传感器

结型光电传感器

光电阴极与光电倍增管

微光像增强器

摄像管

光电子器件 — CCD和CMOS成像器件

红外成像器件

辐射热计红外成像器件

热释电传感器和成像器件

紫外线传感器和成像器件

X射线传感器和成像器件

图 22 - 2　光电子成像器件主要品种

光电子成像器件还可分为固体光电子成像器件、真空光电子成像器件和图像显示器件。

固体光电子成像器件:工作原理基于半导体内光电效应,即光生伏特效应或光电导效应，制造基于半导体集成电路工艺。属于这一类的器件有红外探测器、CCD、CMOS 以及 EBCCD（电子轰击 CCD）等。

真空光电子成像器件：结构形式多为超高真空像增强器模式。属于此类器件的有像管、光谱各波段的像增强器、ICCD（像增强 CCD）等。

图像显示器件：包括阴极射线显示屏（CRT）、液晶显示器（LCD）、等离子体显示器（PDP）、发光二极管显示器（LED）和有机发光二极管显示器（OLED）等。

如果自 1934 年霍尔斯特（G. Holst）等人发明了第一只红外变像管算起，光电子成像器件的发展历史已有近百年了。光电成像器件的重要发展节点为：1934 年的光电倍增管，1947 年的超正析像管，1954 年的高灵敏视像管，1965 年的氧化铅视像管，1970 年的电荷耦合器件（CCD），1976 年的灵敏度更高、成本更低的硒靶管和硅靶管等。其中，CCD 固体摄像器件的发明可以说是光电成像器件领域中的一次革命，对现代科学技术进步起了积极的推动作用。

 知识链接

第一只红外变像管

红外变像管利用光子—电子转换原理，使银氧铯光阴极接受红外辐射，由光子转换为电子，再通过荧光屏，使电子转换为光子，得到人眼能察觉的图像。它在第二次世界大战和朝鲜战争中得到应用。但是，由于需要使用红外探照灯"主动"照明目标，有易暴露自身的缺点。

近百年来，光电子成像取得了惊人的发展，展现出极为辉煌的前景。目前，光电子器件发展十分迅猛，不断采用新技术、利用新材料、研究新原理、开发新产品，各种新型器件不断涌现，器件性能不断提高。光电子器件的体积越来越小，集成度越来越高，各种新型固体成像器件不断被开发成功，在很多方面代替了传统的真空光电器件。

由于光电子成像的惊人进步，光电子成像器件在国防、工业、医学、核物理学、天文学以及实验教学上得到越来越广泛的应用，为人类物质文明和精神文明的进步，提供了强有力的技术支持，具有很强的生命力。

光电子成像器件在人们的日常生活中应用越来越广泛，勾画着未来人类的日常生活的美景。在日常应用中首推数码相机、摄像机、摄录一体机和手机相机产品，其发展速度可以用日新月异来形容。短短的几年，数码相机就由几十万像素发展到上千万像素甚至更高。此外，在军事上光电子器件应用范围十分广阔，如夜视眼镜、微光摄像机、光电瞄具、红外探测、红外制导、红外遥感、导弹探测等，难以胜数。

光电子成像系统这门学问，浩如烟海，本书作为漫谈，并未面面俱到，只是蜻蜓点水似的涉猎几种光电子成像器件及其应用，重点是我情有独钟的 CCD 和 CMOS 成像器件及其应用，难免有顾此失彼、挂一漏万、一叶遮目不见森林之感。记得牛顿说过一段话，大意是他像是一个在海滨玩耍的小孩，只不过发现了几片美丽的贝壳，而浩瀚的真理海洋，却全然没有发现。一位科学巨人尚且这么说，更何况我是凡夫俗子呢！

3. CCD 和 CMOS 发展的足迹

现在我来谈谈我喜爱的 CCD 光电传感器的历史沿革、技术现状与发展趋势。

电荷耦合器件被我国光电专家王庆有教授称作"电眼"和

"智慧的眼睛"，因此，我把这本以 CCD 为主角的小书题名为
"神奇的电子眼"。

　　前面我们说过，1969 年美国贝尔实验室的博伊尔和史密斯
提出 CCD 的概念，他俩被称为"CCD 之父"。CCD 是在 MOS 晶
体管的基础上发展起来的，所以有人说，CCD 是"多栅 MOS 晶
体管"。CCD 自问世以来，由于它无比的优越性能和诱人的应用
前景，引起了各国普遍重视，作为一种固体摄像器件，CCD 在
图像传感应用方面已经取得令人瞩目的成绩，发展极为迅速。

　　1975 年的第一个 CCD 只有 5 万像素，如今，几十年过去了，
千万像素的 CCD 面阵固体摄像器件在工业和民用领域已随处可见。
数码相机、摄像机、电影摄录机、手机、监控设备，众多的数码产
品都在用 CCD 器件，这个器件彻底改变了人类的生活，并且已经渗
透到许多科学领域，对现代科学技术进步起了积极的推动作用。

　　近年来，CCD 图像传感器的应用更加深入，它的用量以每
年超过 20％的速度递增。从目前 CCD 技术的发展趋势来看，
CCD 将向高分辨率、高速度、微型化、多光谱、紫外、X 射线、
红外等方向发展。

　　(1) CCD 的应用现状

　　① CCD 摄像机应用领域的发展

　　数码相机，即 Digital Signal Camera (DSC)，众所周知，这
是 CCD 最普遍的日常应用，不必多说。在医学上，医用显微内
窥镜利用超小型的 CCD 摄像机或光纤图像传输，可以实现人体
显微手术，同时还可进行实时远程会诊和现场教学。车辆摄像
机，可以使驾驶人员借助车外 CCD 摄像机和驾驶员面前的显示
器，不仅可随时看到车辆两侧的情况，而且可在倒车时观察后面
的道路情况，提高了行车安全。

　　② 光学信息处理

　　利用 CCD 可以进行文字识别、标识识别、图像识别、光谱

能量检测等。面阵 CCD 在标识识别、图像识别方面有广泛的应用。根据不同要求，利用 CCD 图像传感器可以设计出不同的识别系统，例如对汽车牌照进行自动识别、用 CCD 制作传真机。

③ 生产过程自动化

CCD 可应用于自动工作机械，如自动售货机、监视等装置，例如用于焊接自动化领域的焊缝跟踪、CCD 视觉检测。

④ 军事

CCD 传感器在军事领域也发挥了很大作用，主要用于导航、自动跟踪、侦察、航空遥感等方面。

总之，随着科学技术的不断发展，CCD 新技术、新工艺还会有长足的进步。CCD 的应用前景是十分广阔的。

（2）CMOS 的应用现状

CMOS 图像传感器近年来发展迅猛，应用前景广阔，有逐步取代 CCD 趋势。CMOS 传感器逐渐成为摄影领域主流，并广泛应用于多种场合。

① 车载领域

车载领域的 CMOS 应用包括后视摄像、全方位视图系统、摄像机监控系统等。

② 手机领域

CMOS 图像传感器使得"芯片相机"成为可能，相机小型化趋势明显。随着智能手机时代到来，用 CMOS 的主摄像头素质不断提升；为了提高照相画质，手机引入了双摄甚至三摄、四摄。前置摄像头素质同步提升；越来越多厂商加入人脸识别功能。

③ 安防领域

安防监控离不开对视觉信息的获取，必须依赖图像传感器。未来，不管是家用还是在外部场景中运用到的安防、监控以及人工智能领域用到的摄像头会不断增加，这也将带动对 CMOS 图像传感器的需求。

④ 医疗影像领域

CMOS 传感器凭借其在通过更小的尺寸获得更高分辨率、降低噪声水平和暗电流以及低成本方面的优越性，在医疗影像领域得到越来越广泛的应用。目前，CMOS 图像传感器主要应用于 X 射线以及内窥镜领域。

近几年，在数码相机和微型摄像机的发展过程中，CCD 和 CMOS 图像传感器相互竞争。在这样的形势下，CCD 图像传感器不得不继续发挥自己的优势，而同时也必须克服同 CMOS 相比存在的缺点。作为高端图像传感器的 CCD 仍有巨大的发展前途。随着科技的日益更新，CCD 图像传感器有望进一步实现低功耗、低成本、多功能。作为视觉传感器的 CCD 摄像器件，在光电图像信息获取与处理中将起着更大作用。CCD 图像传感器的市场十分广阔，前景光明。

4. 光电子成像技术的发展趋势

光电成像器件的发展迅速，种类繁多，应用广泛，预测其发展趋势是很困难的。我才疏学浅，难作评论，只有介绍一下专家的观点。

周立伟院士在《心驰科普》一书中，对未来的展望如是说：

光电子成像技术作为一门分支学科，随着科学技术的发展、国防战备和经济建设的需要，在不断发展之中。新的概念、新的思想、新的工艺和新的技术的出现，推动着光电子成像器件和技术日新月异地发展。新世纪的光电子成像技术发展总趋势为向着高增益、高分辨率、低噪声、宽光谱响应、大动态范围、小型化、固体化方向前进。在 21 世纪初，各种光电子成像元器件在性能上将有很大的提高。在微光技术领域，将会有灵敏度高达 4 000 μA/lm 以上而光谱响应向 1.5 μm 以上波长扩展的 NEA① 光阴极；具有方形通道、弯曲通道与长寿命的微通道板；新型的电子倍增器（特别是用硅材料）与高性能的靶面；高密度和高位置灵敏度的 MCP 读出系统；等等。预期微光新一代器件的水平将达到响应波长延伸到 $1.5\ \mu m$，鉴别率大于 64 lp/mm，辐射灵敏度在 $1\ \mu m$ 处大于 100 mA/W，信噪比大于 64，等效背景照度为 $(3—5) \times 10^{-10}$ W/cm²。所有这一切将使图像增强，低照度摄像和光子成像计数探测等技术跃上一个新的台阶。

还应该指出，随着微电子技术与光电子技术的进展，光电子成像器件的固体化、集成化以及固体与真空相结合已成为不可避免的趋势。借助固体物理学的成果，光电子成像技术将迅猛地向前发展。

知识链接

电子光学和光电子成像专家　周立伟

周立伟，（1932—）出生于上海市，浙江诸暨人（图 22 - 3）。电子光学与光电子成像技术专家、宽束电子光学学派的开拓者与奠基人。1958 年毕业于北京工业学院（现北京理工大学），现任北京理工大学教授。1984 年被授予国家级有突出贡献的中青年专家称号，1997 年被俄罗斯萨马拉国立航天大学授予名誉博士称号，1999 年当选中国工程院院士，2000年当选为俄罗斯工程科学院外籍院士。

图 22 - 3　周立伟像

---

① NEA，负电子亲和势，表面势垒低于导带底的称为负电子亲和势。

　　周立伟长期在宽束电子光学、光电子成像领域从事教学与科研工作，研究方向为静态和动态宽束电子光学的理论和计算机辅助设计。所研制的像增强器电子光学系统设计软件包为我国微光夜视器件自主研制与开发开辟道路，并为培养我国的光电子成像科技人才做出了重要贡献。科研成果荣获全国科学大会奖等多项奖励。发表学术论文、科技报告 270 余篇，专著 5 部。专著《宽电子束光学》获第八届中国图书奖。

　　多年来，周立伟一直在教学与科学研究的第一线上。在指导研究生的过程中，他以自己对祖国科教事业的献身精神、严谨的治学态度，潜移默化影响着自己的学生。他以自己"热爱祖国，忠诚教育，献身科学，勤于钻研，勇于创新，追求卓越"的信条，来教导学生们在"做学问中学做人，做人中学做学问"。

　　回顾自己的科研之路，周立伟说："我没有过人的天赋，但我自问是一个勤奋努力、永不放弃的人。在科学研究方面，我给自己树立的目标是一定要走出自己的一条路来，要做出国际先进水平的成果。当我认定了这条道路，不管多少困难，哪怕经过 10 年、20 年都一定要实现它，这个信念从来没有动摇过。"

　　如今，周立伟将更多的时间用在科普工作中，写书、写随笔、给学生们做科普报告，他都乐在其中。周立伟说："我觉得很多年轻人都十分优秀，比我聪明得多，他们接触的知识面也更多，未来会很有希望。我也希望力所能及地向他们分享一些我的经历、我的故事，讲讲人生，谈谈成长。"

　　光电技术专家雷玉堂在《光电检测技术》一书中这样写道。

　　世界光电子产业呈现出的发展趋势为：

　　（1）光通信向超大容量、高速率和全光网络方向发

展。超大容量 DWDM① 的全光网络将成为主要的发展
趋势。

（2）光显示向真彩色、高分辨率、高清晰度、大屏
幕和平面化方向发展。

（3）光器件的发展趋势是小型化、高可靠性、多功
能、模块化和集成化。

光电与光电检测技术是 21 世纪的尖端科学技术，
它将对整个科学技术的发展起着巨大的推动作用。

写到这里，我突然心血来潮，为光电子成像器件谱写了一首歌：

CCD 颂

你有一个美丽的名字，

叫电荷耦合器件。

博伊尔和史密斯的创新，

使你在 1970 年降临人间。

你玲珑的身体里，

装着千万光电二极管，

能把光转成电信号。

你技压群芳功能非凡，

默默地注视着世界，

像昆虫的复眼。

电子产品里有你的身影，

军事装备里有你的贡献。

乘长风遥感巡天，

破巨浪深海探险。

你曾上九天揽月，

---

① DWDM 是密集型光波复用的英语缩写，指组合多个光波长用一根光纤进行
传送，这样，在给定的信息传输容量下，就可以减少所需要的光纤的总数量。

发回月宫背面珍贵图片。

从白昼到夜晚，

望远镜里把繁星观看。

监控里有你忠实的眼睛，

不分昼夜肩负安全防范。

如今你似八九点钟太阳，

将来必定如日中天。

你曾创下辉煌业绩，

你的前途光明灿烂。

最后我想寄语本书的青少年读者：这本小书简略地谈了现代光电子成像系统及其应用的几个侧面，挂一漏万，浮光掠影，既不全面，也不深入，只不过给大家一点精神食粮，增加知识，借以提高科学素养。如想进一步了解更多的关于光电子成像的知识，请看专业书籍。

我们处在变换异常迅速的新时代，新事物层出不穷，我们不要拒绝新事物，要了解、学习新事物，跟上科学技术发展的步伐，做到与时俱进，用先进的科学知识武装自己头脑，以便将来为建设祖国和保卫祖国大显身手，做出巨大贡献，祝你们成功。

拜拜。

参考文献

［1］安毓英，曾晓东，冯喆珺. 光电探测与信号处理［M］. 北京：科学出版社，2010.

［2］白廷柱，金伟其. 光电成像原理与技术［M］. 北京：北京理工大学出版社，2006.

［3］蔡声镇，王一群，林佑国. 青少年无线电装配检修技术速成·黑白电视篇（第三版）［M］. 福州：福建科学技术出版社，2002.

［4］蔡文贵，李永远，许振华. CCD 技术及应用［M］. 北京：电子工业出版社，1992.

［5］曾金根，吴评，韩道福，等. CCD 等厚干涉实验仪的研究［J］. 实验室研究与探索，2003（6）：55 - 57.

［6］陈东波. 固体成像器件和系统［M］. 北京：兵器工业出版社，1991.

［7］陈家森. 我们周围的物理学［M］. 上海：上海科技教育出版社，2000.

［8］陈泉，沙振舜. 微机塞曼效应实验仪（英文）［J］. 南京大学学报（自然科学版），1998（1）：131 - 133.

［9］陈世平. 21 世纪初期航天遥感技术发展展望［J］. 航天返回与遥感，2001（1）：20 - 26.

［10］陈世平. 航天遥感科学技术的发展［J］. 航天器工程，2009，18（2）：1-7.

［11］程开富，王官蓉，罗珍惠. 医学诊断领域中的 CCD 图像传感器［J］. 电子元器件资讯，2008（12）：50-52.

［12］程开富. CCD 图像传感器在军用武器装备中的应用［J］. 集成电路通讯，2007（1）：40-44.

［13］程开富. CMOS 图像传感器的最新进展及其应用［J］. 光机电信息，2003（1）：16-26.

［14］程开富. 图像传感器在医学诊断领域中的应用［J］. 电子元器件应用，2005（6）：36-39+50.

［15］程开富. 微光摄像器件的发展趋势［J］. 电子科学技术评论，2004（5）：44-48+24.

［16］程开富. 新颖固体图像传感器发展及其应用［J］. 电子与封装，2003（6）：51-56.

［17］戴君惕. 奇异的仿生学［M］. 长沙：湖南教育出版社，1997.

［18］邸旭，杨进华，韩文波，等. 微光与红外成像技术［M］. 北京：机械工业出版社，2012.

［19］冯一兵，冀晓群. CCD 及其在物理实验中的应用［J］. 实验室科学，2007（2）：86-88.

［20］高彬. 机器人视觉系统的组成及工作原理［J］. 科技致富向导，2012（6）：127.

［21］郭瑜茹，林宋. 光电子技术及其应用［M］. 北京：化学工业出版社，2015.

［22］郭瑜茹，张朴，杨野平，等. 光电子技术及其应用［M］. 北京：化学工业出版社，2006.

［23］韩丽英，崔海霞. 光电变换与检测技术［M］. 北京：国防工业出版社，2010.

［24］韩晓冰，陈名松. 光电子技术基础［M］. 西安：西安电子科技大学出版社，2013.

［25］韩心志. 航天遥感 CCD 推帚式成象系统［M］. 哈尔滨：哈尔滨工业大学出版社，1990.

［26］何秋会，刘利利，汪翊鹏，等. 南京大学 65 cm 天文望远镜指向精度的修正研究［J］. 南京大学学报（自然科学版），2005（4）：356-363.

［27］胡德文，陈芳林. 生物特征识别技术与方法［M］. 北京：国防工业出版社，2013.

［28］怀特. 探索数码摄影的奥秘（第二版）［M］. 张匡匡，詹凯，译. 北京：人民邮电出版社，2008.

［29］贾海峰，刘雪华. 环境遥感原理与应用［M］. 北京：清华大学出版社，2006.

［30］姜忠宝，高俊国，段少丽，等. CCD 图像传感器的原理及军事应用［J］. 电子元器件应用，2003（1）：16-18.

［31］焦斌亮，王朝晖，林可祥，等. 星载多光谱 CCD 相机研究［J］. 仪器仪表学报，2004（2）：146-148＋151.

［32］金婷婷. CCD 图像传感器的技术及发展［J］. 科学时代，2012（19）.

［33］寇玉民，盛宏，金祎，等. CCD 图像传感器发展与应用［J］. 电视技术，2008（4）：38-39＋42.

［34］雷玉堂，王庆有，何加铭，等. 光电检测技术［M］. 北京：中国计量出版社，1997.

［35］雷玉堂. 红外热成像技术及在智能视频监控中的应用［J］. 中国公共安全（市场版），2007（08）：114-120.

［36］黎连业，及延辉，朱卫东. 入侵防范电视监控系统设计与施工技术［M］. 北京：电子工业出版社，2005.

［37］李超宏，鲜浩，姜文汉，等. 用于白天自适应光学的波前探

测方法分析［J］. 物理学报，2007（7）：4289－4296.

［38］李金伴，王善斌. 电视监控系统及其应用［M］. 北京：化学工业出版社，2008.

［39］李林. 应用光学［M］. 4版. 北京：北京理工大学出版社，2010.

［40］李阳，吴春光，衣同胜. CCD摄像机替代高速摄影机应用研究［J］. 光学技术，2005（3）：454－456.

［41］栗科峰. 人脸图像处理与识别技术［M］. 郑州：黄河水利出版社，2018.

［42］廖延彪，黎敏，闫春生. 现代光信息传感原理［M］. 2版. 北京：清华大学出版社，2016.

［43］林钧挺，等. 光电子技术及其应用［M］. 北京：国防工业出版社，1983.

［44］林祖伦，王小菊. 光电成像导论［M］. 北京：国防工业出版社，2016.

［45］刘贤德. CCD及其应用原理［M］. 武汉：华中理工大学出版社，1990.

［46］刘远航，丁启芬. 扫描仪数码相机数字摄像头选购与使用［M］. 北京：人民邮电出版社，2000.

［47］刘远航，刘文开，刘畅，等. 视频捕捉设备——数字摄录一体机［M］. 北京：人民邮电出版社，2001.

［48］刘振玉. 光电技术［M］. 北京：北京理工大学出版社，1990.

［49］罗庆生，罗霄. 我的机器人：仿生机器人的设计与制作［M］. 北京：北京理工大学出版社，2016.

［50］罗世伟，左涛，邹开耀. 视频监控系统原理及维护［M］. 北京：电子工业出版社，2007.

［51］吕恬生，刘文焕. 机器人趣谈［M］. 成都：四川科学技术

出版社，2010.

[52] 马精格. CCD与CMOS图像传感器的现状及发展趋势［J］.
电子技术与软件工程，2017（13）：103.

[53] 马燕，李顺宝. 二维及三维人脸识别技术［M］. 上海：百
家出版社，2007.

[54] 梅安新. 遥感导论［M］. 北京：高等教育出版社，2001.

[55] 米本和也. CCD/CMOS图像传感器基础与应用［M］. 陈榕
庭，彭美桂，译. 崔凯，校. 北京：科学出版社，2006.

[56] 潘阳元. 浅谈CMOS摄像机在安防监控系统中的应用趋势
［J］. 广东公安科技，2009，17（3）：47-50.

[57] 彭向阳，陈驰，饶章权编著. 大型无人机电力线路巡检作业
及智能诊断技术［M］. 北京：中国电力出版社，2015：
130.

[58] 沙振舜，彭志平. 电视显微密立根油滴仪［J］. 物理实验，
1993（5）：221.

[59] 沙振舜，郗迈，冯小宁. 微机塞曼效应仪与图象处理实验
［J］. 物理实验，1994（6）：269-270.

[60] 沙振舜. CCD像感器在物理教学中的应用［J］. 大学物理，
1996（8）：39-43.

[61] 沙振舜. 等离子体自传（第二版）［M］. 南京：南京大学出
版社，2018.

[62] 沙振舜. 数字照相实验：将数码相机引入物理教学的尝试
［J］. 物理教学，2000（4）：23-24+25.

[63] 沙振舜. 最美丽的十大物理实验［M］. 南京：南京大学出
版社，2014.

[64] 邵晓鹏，王琳，宫睿，等. 光电成像与图像处理［M］. 西
安：西安电子科技大学出版社，2015.

[65] 宋丰华. 现代光电器件技术及应用［M］. 北京：国防工业

出版社，2004.

［66］苏涛，王世航，赵明松，等. 遥感原理与应用［M］. 北京：煤炭工业出版社，2015：3.

［67］孙家柄. 遥感原理与应用［M］. 武汉：武汉大学出版社，2009.

［68］孙景琪，严峰，吴强，等. 电子信息技术概论［M］. 北京：北京工业大学出版社，2013.

［69］孙莉，邓敏. CCD 图像传感器的现状及未来发展［J］. 现代制造技术与装备，2017（8）：160‑161.

［70］孙雪山. CCD 微型摄像头在中学物理实验中的应用［J］. 中国电化教育，1998（12）：68‑69.

［71］谭吉春. 夜视技术［M］. 北京：国防工业出版社，1999.

［72］汪光华. 视频监控系统应用［M］. 北京：中国政法大学出版社，2009.

［73］汪贵华，光电子器件.［M］. 北京：国防工业出版社，2009.

［74］王传晋，叶彬浔，孟新民. 电荷耦合器件（CCD）及其在天文中的应用［J］. 天文学进展，1983（2）：222‑233.

［75］王传晋，叶彬浔. 天文可见光探测器［M］. 北京：中国科学技术出版社，2013：10.

［76］王公儒. 视频监控系统工程实用技术［M］. 北京：中国铁道出版社，2018.

［77］王庆有，孙学珠. CCD 应用技术［M］. 天津：天津大学出版社，1993.

［78］王庆有，王晋疆，张存林，等. 光电技术［M］. 2 版. 北京：电子工业出版社，2008.

［79］王庆有. CCD 应用技术［M］. 天津：天津大学出版社，2000.

［80］王庆有. 光电传感器应用技术［M］. 北京：机械工业出版

社，2007.

[81] 王庆有. 光电技术 [M]. 北京：电子工业出版社，2005.

[82] 王庆有. 光电信息综合实验与设计教程 [M]. 北京：电子工业出版社，2010.

[83] 王庆有. 图像传感器应用技术 [M]. 北京：电子工业出版社，2003.

[84] 王臻刘孟华. 光电探测技术 [M]. 武汉：湖北科学技术出版社，2008.

[85] 魏廷存，陈莹梅，胡正飞. 模拟 CMOS 集成电路设计 [M]. 北京：清华大学出版社，2010.

[86] 向世明，倪国强. 光电子成像器件原理 [M]. 北京：国防工业出版社，1999.

[87] 向世明. 现代光电子成像技术概论 [M]. 北京：北京理工大学出版社，2013.

[88] 熊欣. 人脸识别技术与应用 [M]. 郑州：黄河水利出版社，2018.

[89] 徐之海，李奇. 现代成像系统 [M]. 北京：国防工业出版社，2001.

[90] 许强. 军用紫外探测技术及应用 [M]. 北京：北京航空航天大学出版社，2010.

[91] 许炎桥. CCD 在光的干涉衍射实验中的应用 [J]. 物理教学，2007（2）：19-20.

[92] 杨经国，冉瑞江，杜定旭，等. 教学型 CCD 光学多道分析器及其在光谱实验中的应用 [J]. 物理实验，1993（2）：77-79+76.

[93] 殷德军，李林，殷作亮. 现代安全防范技术与工程系统 [M]. 北京：电子工业出版社，2008.

[94] 袁健晦，黎峰. 遥感 [M]. 北京：北京出版社，1984.

［95］张兵. 当代遥感科技发展的现状与未来展望［J］. 中国科学院院刊，2017，32（7）：774-784.

［96］张广军. 光电测试技术与系统［M］. 北京：北京航空航天大学出版社，2010.

［97］张季熊. 光电子学教程［M］. 广州：华南理工大学出版社，2001.

［98］张军，等. 智能手机软硬件维修从入门到精通［M］. 北京：机械工业出版社，2015：112.

［99］张梅，何鑫，李柱峰. CCD特性及其在大学物理实验中的应用［J］. 科技创新导报，2009（22）：135.

［100］赵小川. 机器人技术创意设计［M］. 北京：北京航空航天大学出版社，2013.

［101］赵勋杰，石万山. 光子计数成像技术及其应用［J］. 光电对抗与无源干扰，2002（3）：1-4.

［102］赵竹，肖帅，陈瑜，等. 监控设备操作实务［M］. 西安：西安电子科技大学出版社，2014.

［103］中村淳. 数码相机中的图像传感器和信号处理［M］. 徐江涛，高静，聂凯明，译. 北京：清华大学出版社，2015.

［104］周立伟. 目标探测与识别［M］. 北京：北京理工大学出版社，2004.

［105］周立伟. 心驰科普［M］. 北京：北京理工大学出版社，2016.

［106］朱宏娜，常相辉，吴晓立，等. CCD技术在大学物理实验教学中的应用［J］. 实验科学与技术，2010，8（4）：6-7＋24.

［107］邹异松，刘玉凤，白廷柱. 光电成像原理［M］. 北京：北京理工大学出版社，1997

[108] CHEN X Y, WU Z C, LIU Z G, et al. A study of dynamics and chemical reactions in laser-ablated PbTiO3 plume by optical-wavelength-sensitive CCD photography [J]. Applied Physics A: Materials Science & Processing, 1998, 67: 331 – 334.